RUPESH KUMAR TIPU

Abordagens baseadas em dados em previsões de engenharia civil

RUPESH KUMAR TIPU

Abordagens baseadas em dados em previsões de engenharia civil

ScienciaScripts

Imprint

Any brand names and product names mentioned in this book are subject to trademark, brand or patent protection and are trademarks or registered trademarks of their respective holders. The use of brand names, product names, common names, trade names, product descriptions etc. even without a particular marking in this work is in no way to be construed to mean that such names may be regarded as unrestricted in respect of trademark and brand protection legislation and could thus be used by anyone.

Cover image: www.ingimage.com

This book is a translation from the original published under ISBN 978-620-7-47309-0.

Publisher:
Sciencia Scripts
is a trademark of
Dodo Books Indian Ocean Ltd. and OmniScriptum S.R.L publishing group

120 High Road, East Finchley, London, N2 9ED, United Kingdom
Str. Armeneasca 28/1, office 1, Chisinau MD-2012, Republic of Moldova, Europe
Printed at: see last page
ISBN: 978-620-7-77361-9

Abordagens baseadas em dados em previsões de engenharia civil

Rupesh Kumar Tipu

ª Departamento de Engenharia Civil, Escola de Engenharia e Tecnologia, Universidade K. R. Mangalam, Gurugram, Haryana 122103, Índia

Resumo:
Este livro mergulha no domínio transformador das abordagens baseadas em dados na engenharia civil, oferecendo uma exploração abrangente da forma como a análise de dados contemporânea, a aprendizagem automática e a modelação preditiva estão a revolucionar o campo. Fornece uma compreensão fundamental dos métodos baseados em dados, elucida o papel do big data e desvenda várias técnicas de modelação preditiva, tais como análises de regressão, análise de séries temporais e métodos de conjunto. O texto aventura-se ainda mais nos meandros da aprendizagem automática, destacando a sua aplicação através de quadros de aprendizagem supervisionada, não supervisionada e profunda e o seu impacto nas previsões de engenharia civil. Estudos de casos práticos ilustram a implementação e os resultados destas abordagens no mundo real, apresentando tanto as suas histórias de sucesso como os desafios encontrados. Além disso, o livro examina a integração de modelos orientados por dados nos processos de tomada de decisões, realçando o seu papel na otimização das operações de engenharia civil. A conclusão sintetiza as principais ideias e projecta tendências futuras, sugerindo uma trajetória em que as estratégias baseadas em dados não só aumentam a eficiência e a precisão das soluções de engenharia, como também abrem caminho a inovações no desenvolvimento de infra-estruturas sustentáveis e resilientes. Destinado a profissionais, académicos e estudantes das áreas da engenharia civil e da ciência dos dados, este texto serve de ponte entre os conhecimentos técnicos e a aplicação prática, capacitando os leitores para aproveitarem o potencial das metodologias baseadas em dados para moldar o futuro da engenharia civil.

Palavras-chave: Abordagens baseadas em dados, engenharia civil, aprendizagem automática, modelação preditiva, otimização de infra-estruturas.

Conteúdo

INTRODUÇÃO

Visão geral das abordagens baseadas em dados nas previsões de engenharia civil

O advento de abordagens baseadas em dados na engenharia civil anunciou uma nova era de inovação, eficiência e fiabilidade neste domínio (Bibri & Krogstie, 2020; Bilal, Oyedele, Qadir, et al., 2016). Estas metodologias tiram partido de grandes quantidades de dados, aproveitando informações de projectos anteriores, resultados de sensores, testes de materiais e condições ambientais para prever resultados futuros com uma precisão sem precedentes. No cerne destas abordagens estão os modelos preditivos que transformam dados brutos em informações accionáveis, permitindo aos engenheiros prever o comportamento das estruturas, antecipar as necessidades de manutenção e otimizar a atribuição de recursos (Lee et al., 2020; Ren et al., 2019).

A modelação preditiva baseada em dados na engenharia civil engloba uma série de técnicas, desde a análise estatística a algoritmos avançados de aprendizagem automática. Estes modelos são hábeis na identificação de padrões, tendências e correlações em conjuntos de dados complexos, revelando frequentemente informações que não são imediatamente visíveis através da análise tradicional. Ao integrar estes modelos baseados em dados, os engenheiros civis podem tomar decisões informadas sobre o projeto, a construção, a manutenção e o funcionamento, o que conduz a infra-estruturas mais seguras, resistentes e sustentáveis (Alibrandi, 2022; Bibri, 2021; C. Wu et al., 2021).

A implementação destes modelos envolve várias fases, incluindo a recolha de dados, o pré-processamento, a análise exploratória, a seleção de modelos, a formação, a validação e a implementação. Cada fase é crucial para garantir a precisão e a fiabilidade das previsões, aumentando assim a eficácia global dos projectos de engenharia. A integração de dados em tempo real através de dispositivos e sensores IoT enriquece ainda mais as capacidades de previsão, permitindo uma abordagem mais adaptativa e reactiva aos desafios da engenharia civil.

Importância e vantagens

A importância das abordagens baseadas em dados na engenharia civil não pode ser exagerada. Estes métodos fornecem uma base para a tomada de decisões empíricas e baseadas em provas, uma mudança em relação à tradicional dependência de heurísticas e fórmulas empíricas. As vantagens são múltiplas e têm um impacto profundo em várias facetas da engenharia civil:

1. **Precisão de previsão melhorada:** Ao utilizar dados históricos e técnicas contemporâneas de aprendizagem automática, os engenheiros podem prever resultados com maior precisão, desde o tempo de vida esperado dos materiais até ao desempenho futuro da infraestrutura sob vários factores de tensão.

2. **Utilização optimizada de recursos:** As previsões baseadas em dados permitem uma utilização mais eficiente dos recursos, assegurando que os materiais, a mão de obra e os investimentos financeiros são atribuídos de forma eficaz, reduzindo o desperdício e aumentando a sustentabilidade do projeto.

3. **Melhoria da segurança e da gestão de riscos:** A capacidade de prever com precisão falhas estruturais, impactos ambientais e potenciais perigos contribui significativamente para melhorar os protocolos de segurança e as estratégias de

gestão de riscos, salvaguardando a segurança pública e minimizando as perdas económicas.

4. **Soluções de design inovadoras:** A modelação preditiva promove a inovação ao permitir que os engenheiros explorem uma gama mais vasta de cenários de design, avaliem a viabilidade de novos materiais e métodos de construção e validem o seu desempenho através de simulação antes da implementação no mundo real.

5. **Estratégias de manutenção adaptativas:** Os conhecimentos preditivos facilitam o desenvolvimento de programas de manutenção proactivos e baseados nas condições, por oposição a estratégias reactivas ou baseadas no tempo, prolongando assim a vida útil das infra-estruturas e assegurando um desempenho ótimo.

6. **Sustentabilidade e gestão ambiental:** As abordagens baseadas em dados apoiam a conceção e a implementação de projectos ambientalmente sustentáveis, ajudando na avaliação dos impactos ambientais, na otimização da utilização de energia e na minimização das pegadas de carbono.

CHAPTER 1:

Introdução às abordagens baseadas em dados

1.1 Compreender os métodos baseados em dados

Os métodos baseados em dados na engenharia civil aproveitam o poder dos dados e dos algoritmos computacionais para prever, analisar e otimizar vários aspectos dos projectos de engenharia (Tseranidis et al., 2016). Ao contrário dos métodos tradicionais, que muitas vezes se baseiam em fórmulas empíricas estáticas e abordagens heurísticas, as técnicas baseadas em dados utilizam conjuntos de dados dinâmicos, refinando continuamente as previsões e decisões com base em novas informações (Kadlec et al., 2009; Remesan & Mathew, 2015; Wang & Liu, 2021). Estes métodos abrangem um espetro de técnicas de análise estatística, algoritmos de aprendizagem automática, inteligência artificial e quadros de aprendizagem profunda, todos destinados a extrair conhecimentos significativos de conjuntos de dados complexos.

No centro dos métodos orientados para os dados está a recolha, o processamento e a análise de dados. Isto inclui dados estruturados, como dados numéricos ou categóricos encontrados em bases de dados, e dados não estruturados, como imagens, textos ou dados de séries temporais de sensores. A visualização dos métodos baseados em dados na engenharia civil é apresentada na **Figura 1 - 1**. O processo envolve normalmente:

1. **Aquisição de dados:** Recolha de dados brutos de várias fontes, incluindo sensores, registos, inquéritos e registos operacionais.

2. **Limpeza e pré-processamento de dados:** Refinamento dos dados através do tratamento dos valores em falta, da remoção de valores anómalos e da garantia de consistência, que é crucial para a exatidão das análises subsequentes.

3. **Análise Exploratória de Dados (EDA):** Realização de investigações iniciais sobre os dados para descobrir padrões, detetar anomalias, testar hipóteses e verificar pressupostos com a ajuda de resumos estatísticos e visualizações.

4. **Desenvolvimento de modelos:** Seleção de técnicas de modelação adequadas, desenvolvimento de modelos preditivos e ajustamento desses modelos às nuances específicas dos dados e do problema em questão.

5. **Validação e teste:** Avaliar o desempenho do modelo utilizando conjuntos de dados separados para garantir a sua fiabilidade e precisão na previsão de resultados no mundo real.

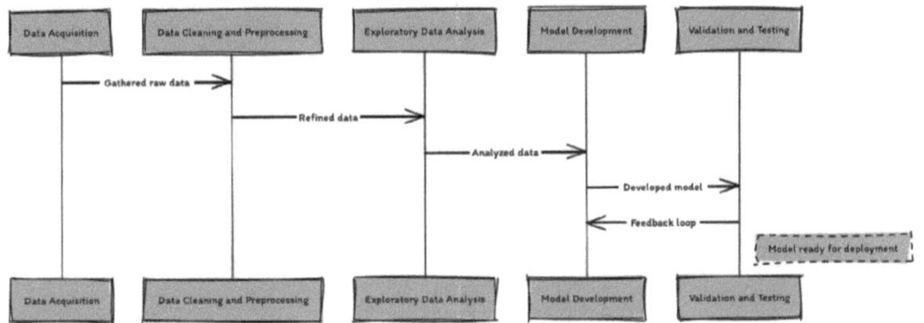

1.2 O papel do Big Data na engenharia civil

Big Data em engenharia civil refere-se aos vastos volumes de dados gerados a partir de várias fontes, como sensores incorporados em infra-estruturas, imagens de satélite, registos de construção, registos operacionais e bases de dados de manutenção (Berglund et al., 2020; Bilal, Oyedele, Akinade, et al., 2016; Munawar et al., 2020). O papel dos megadados é fundamental na transformação da engenharia civil (ver **Figura 1 - 2**) numa disciplina mais preditiva, eficiente e inovadora:

1. **Melhoria da tomada de decisões:** A análise de Big Data permite que os engenheiros tomem decisões informadas, fornecendo informações abrangentes sobre o desempenho, os riscos e as oportunidades associadas aos projectos de infra-estruturas.

2. **Manutenção preditiva:** Ao analisar padrões em dados históricos e em tempo real, os engenheiros podem prever quando a manutenção deve ser efectuada, evitando assim falhas inesperadas e prolongando a vida útil da infraestrutura.

3. **Otimização de recursos:** O Big Data ajuda a otimizar a atribuição de recursos, garantindo que os materiais, a mão de obra e o capital são utilizados de forma eficiente, reduzindo o desperdício e melhorando a sustentabilidade dos projectos.

4. **Gestão de riscos:** A análise de vastos conjuntos de dados permite a identificação e a avaliação de riscos potenciais, facilitando o desenvolvimento de estratégias de atenuação para gerir as incertezas de forma mais eficaz, como se mostra na **Figura 1 - 3**.

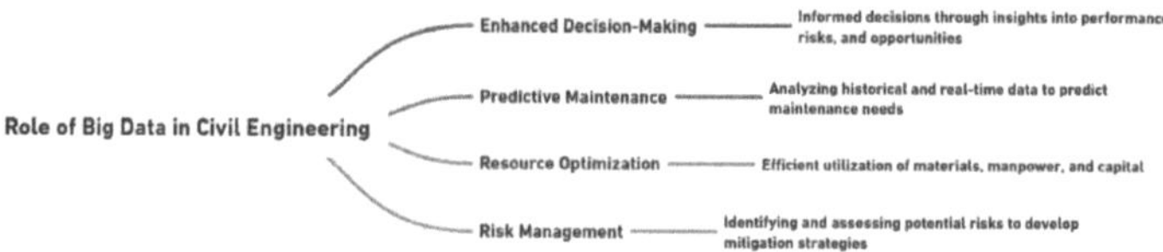

Figura 1 - 2 . Papel dos grandes dados na engenharia civil

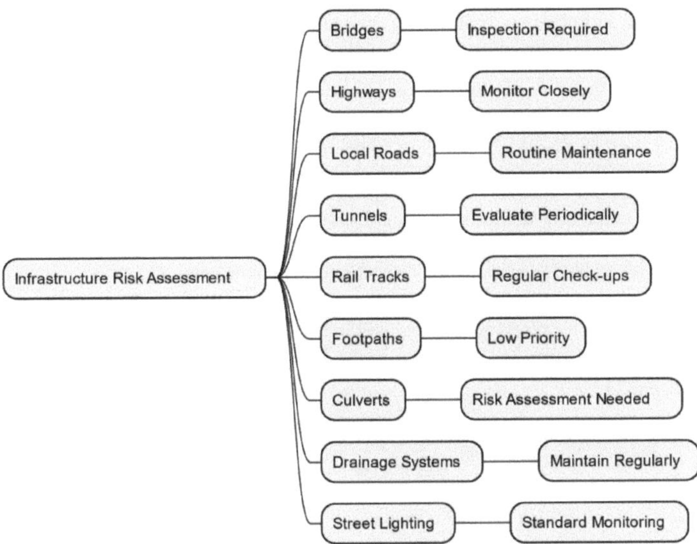

Figura 1 - 3 . Aplicação na **avaliação** do risco de falha de infra estruturas

1.2.1 Aplicações e benefícios

As aplicações das abordagens baseadas em dados na engenharia civil, tal como se mostra na **Figura 1 - 4**são vastas e variadas, oferecendo numerosos benefícios em todo o espetro das disciplinas de engenharia civil:

1. **Conceção e construção de infra-estruturas:** Os modelos baseados em dados podem simular vários cenários de conceção, otimizar processos de construção, prever prazos de projectos e prever o impacto de diferentes metodologias de construção nos resultados do projeto.

2. **Engenharia de transportes:** Nos transportes, as abordagens baseadas em dados ajudam a otimizar o fluxo de tráfego, a prever as tendências dos transportes, a aumentar a segurança rodoviária e a melhorar a eficiência global dos sistemas de transportes.

3. **Monitorização do estado das estruturas:** Ao analisar os dados dos sensores, os modelos preditivos podem avaliar o estado das estruturas em tempo real, prever potenciais falhas e sugerir uma manutenção atempada, garantindo assim a segurança e a durabilidade da infraestrutura.

4. **Engenharia Ambiental:** Os modelos baseados em dados são cruciais para prever os impactos ambientais, como se pode ver na **Figura 1 - 5**Os modelos baseados em dados são cruciais para prever os impactos ambientais, como mostra a Figura 5, avaliar os níveis de poluição e desenvolver estratégias para o desenvolvimento sustentável, ajudando a equilibrar o desenvolvimento de infra-estruturas com a gestão ambiental.

5. **Engenharia de Recursos Hídricos:** Estes métodos são utilizados para prever eventos hidrológicos, otimizar a gestão dos recursos hídricos e garantir a sustentabilidade das infra-estruturas hidráulicas.

Os benefícios da adoção de abordagens baseadas em dados na engenharia civil são profundos, abrangendo uma maior precisão nas previsões, uma maior eficiência nas operações, a redução de custos, uma maior segurança e um contributo significativo para práticas de engenharia sustentáveis. À medida que o domínio da engenharia civil continua a evoluir, a integração de métodos baseados em dados desempenhará, sem dúvida, um papel cada vez mais central na definição do futuro da disciplina, impulsionando a inovação e promovendo uma nova era de soluções de engenharia mais resilientes, eficientes e adaptáveis às necessidades em mudança da sociedade e do ambiente.

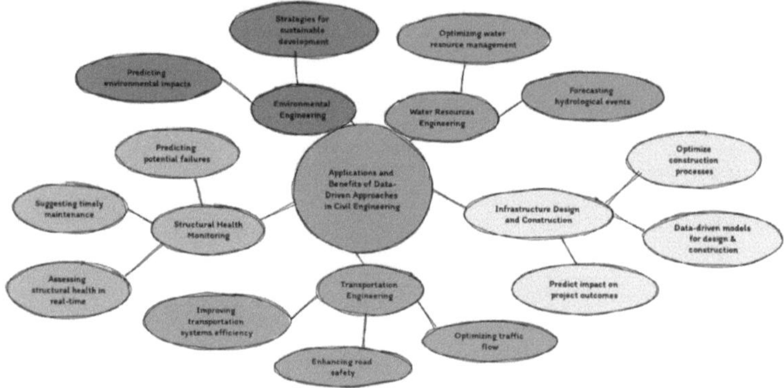

Figura 1 - 4 . Aplicações de abordagens baseadas em dados na engenharia civil

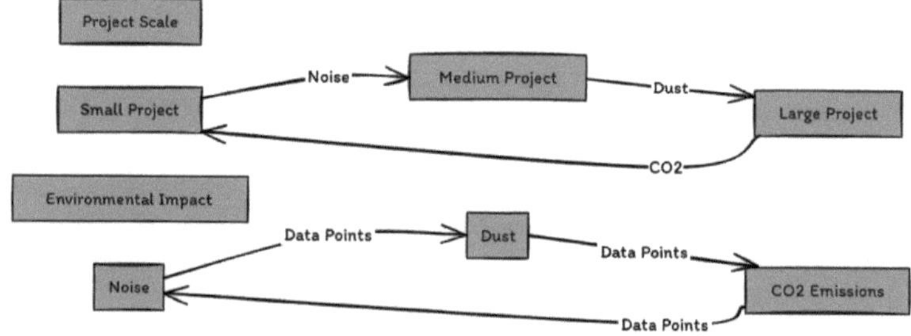

Figura 1 - 5 . Modelo de previsão do impacto ambiental

CHAPTER 2:

Fontes de dados e aquisição

2.1 Fontes de dados em Engenharia Civil

A engenharia civil é um domínio rico em dados provenientes de várias fontes (ver **Figura 2 - 1**), cada uma delas contribuindo com informações valiosas sobre o ambiente construído e as suas interacções. A compreensão destas fontes é crucial para aproveitar o potencial das abordagens baseadas em dados:

1. **Dados dos sensores:** As infra-estruturas civis modernas estão frequentemente equipadas com uma série de sensores que recolhem dados em tempo real sobre condições como tensão, deformação, vibração, temperatura e humidade. Estes sensores podem ser incorporados em estruturas como pontes, edifícios, barragens e estradas, proporcionando uma monitorização e recolha de dados contínuas.

2. **Dados geoespaciais:** Incluem dados adquiridos a partir de imagens de satélite, fotografias aéreas e Sistemas de Informação Geográfica (SIG). São amplamente utilizados na seleção de locais, planeamento urbano, análise de terrenos, avaliações de impacto ambiental e monitorização de alterações na utilização de terrenos ou infra-estruturas ao longo do tempo.

3. **Dados operacionais e de registo:** Estes dados abrangem os dados operacionais diários das instalações de infra-estruturas, incluindo contagens de tráfego, taxas de fluxo de água, padrões de consumo de energia e registos de manutenção. Estes dados são valiosos para a otimização operacional, manutenção preditiva e planeamento estratégico.

4. **Dados de construção:** Os registos pormenorizados da fase de construção dos projectos, incluindo especificações de materiais, planos de conceção, processos de construção, prazos e custos, oferecem informações sobre a qualidade da construção, a eficiência da gestão do projeto e as potenciais áreas de otimização.

5. **Dados históricos e de arquivo:** Os documentos de projetos anteriores, os estudos de casos, os relatórios de inspeção e as análises de falhas fornecem um manancial de conhecimentos que podem informar projectos futuros, ajudar na avaliação de riscos e orientar as estratégias de manutenção das estruturas existentes.

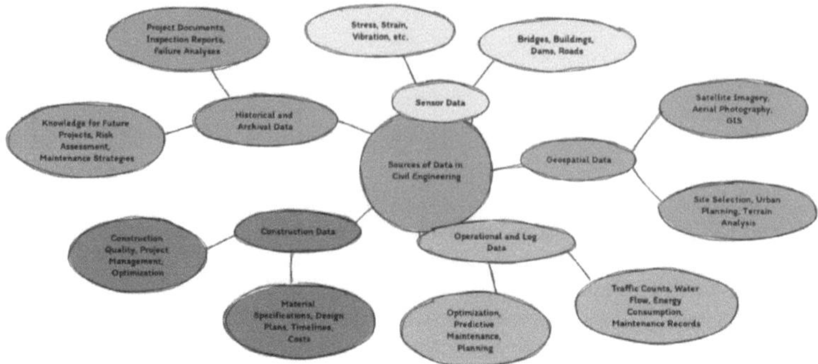

Figura 2 - 1 . Várias fontes de dados em engenharia civil

2.2 Técnicas de recolha de dados

A recolha eficaz de dados é fundamental para a criação de modelos de previsão fiáveis. As técnicas variam consoante a fonte de dados, como se mostra na **Figura 2 - 2** e **2 - 3**, da utilização prevista e da aplicação específica de engenharia:

1. **Recolha automatizada de dados:** Utilização de sistemas automatizados, como sensores e dispositivos IoT, para registo contínuo de dados. Este método é eficiente e fornece dados de alta resolução, ideais para monitorização em tempo real e análise preditiva.

2. **Recolha manual de dados:** Envolve a intervenção humana em inquéritos, inspecções visuais e leituras manuais. É frequentemente necessária para recolher dados qualitativos, verificar leituras automatizadas ou recolher dados em ambientes inadequados para sistemas automatizados.

3. **Deteção remota:** A utilização de imagens de satélite ou aéreas para recolher dados sobre grandes áreas. É particularmente útil na monitorização ambiental, cartografia topográfica e avaliações de infra-estruturas em grande escala.

4. **Simulação e modelação:** Geração de dados através de modelos computacionais que simulam processos ou fenómenos de engenharia civil do mundo real. Esta abordagem pode fornecer informações valiosas quando a recolha de dados reais é impraticável ou impossível.

5. **Crowdsourcing:** Recolha de dados do público em geral ou de comunidades específicas através de aplicações móveis, plataformas online ou redes sociais. Isto pode ser particularmente útil para a recolha de dados de tráfego, feedback de planeamento urbano ou envolvimento da comunidade em projectos de infra-estruturas.

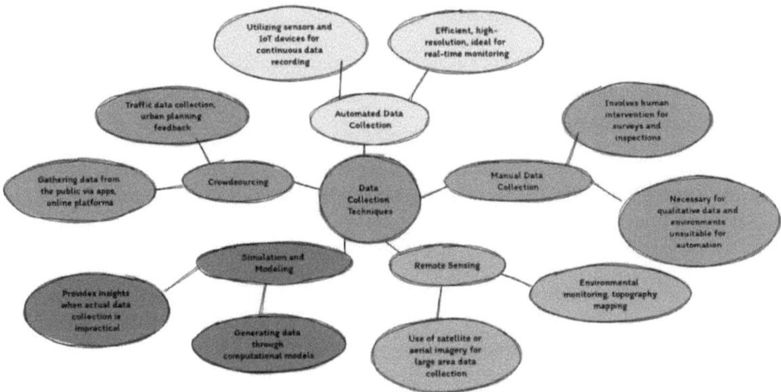

Figura 2 - 2 . Técnicas de recolha de dados no domínio da engenharia civil

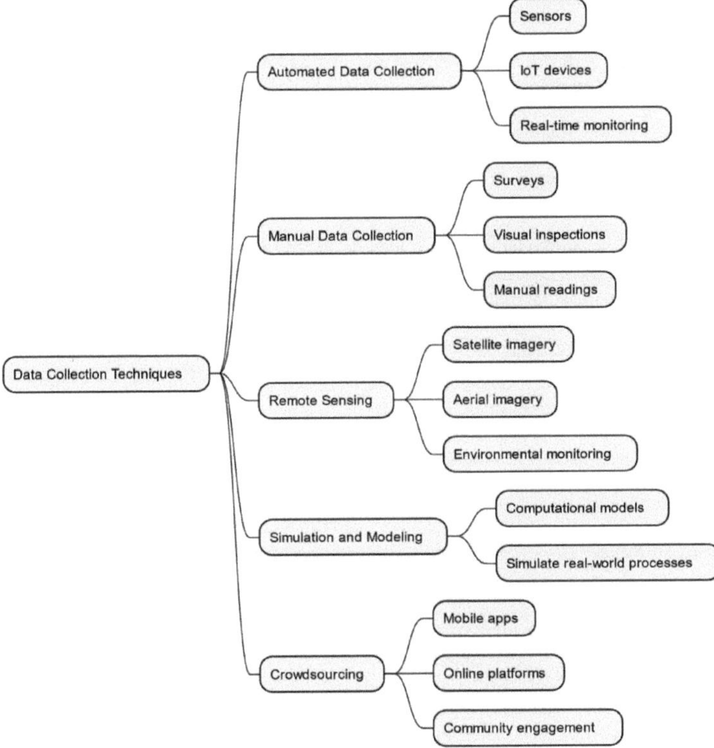

Figura 2 - 3: Várias outras técnicas de **recolha de** dados

2.3 Avaliação da qualidade dos dados

Garantir a qualidade dos dados recolhidos é fundamental para o sucesso de qualquer projeto baseado em dados. Dados de má qualidade podem levar a modelos incorrectos, resultados enganadores e decisões erradas:

1. **Exatidão e precisão:** Avaliar a proximidade dos dados recolhidos em relação aos valores reais e a consistência das medições. Uma exatidão e precisão elevadas são cruciais para uma modelação preditiva fiável. Ver **Figura 2 - 4** para visualização de várias métricas de medições de desempenho.

2. **Integralidade:** Assegurar que o conjunto de dados é abrangente, com todos os pontos de dados necessários presentes. A falta de dados pode distorcer os resultados analíticos e prejudicar o desempenho do modelo.

3. **Coerência:** Os dados devem ser coerentes dentro do conjunto de dados e entre conjuntos de dados relacionados, sem informações contraditórias. As incoerências podem resultar de erros de introdução de dados, de diferentes métodos de recolha de dados ou de alterações nas definições dos dados ao longo do tempo.

4. **Atualidade:** A relevância dos dados em relação ao momento em que foram recolhidos e ao momento em que são analisados. Dados desactualizados podem resultar em modelos que não reflectem as condições actuais ou os estados futuros.

5. **Fiabilidade:** O grau em que a recolha de dados e as técnicas de processamento de dados produzem resultados estáveis e consistentes. A fiabilidade dos dados é crucial para o desenvolvimento de modelos em que os engenheiros civis possam confiar para tomar decisões críticas.

Ao compreenderem profundamente as fontes de dados, ao utilizarem técnicas de recolha eficazes e ao avaliarem rigorosamente a qualidade dos dados, os engenheiros civis podem estabelecer uma base sólida para a aplicação bem sucedida de abordagens baseadas em dados nos seus projectos. Esta abordagem meticulosa ao tratamento de dados é essencial para libertar todo o potencial da modelação preditiva, permitindo o desenvolvimento de soluções inovadoras e a obtenção de níveis sem precedentes de eficiência e eficácia nas práticas de engenharia civil.

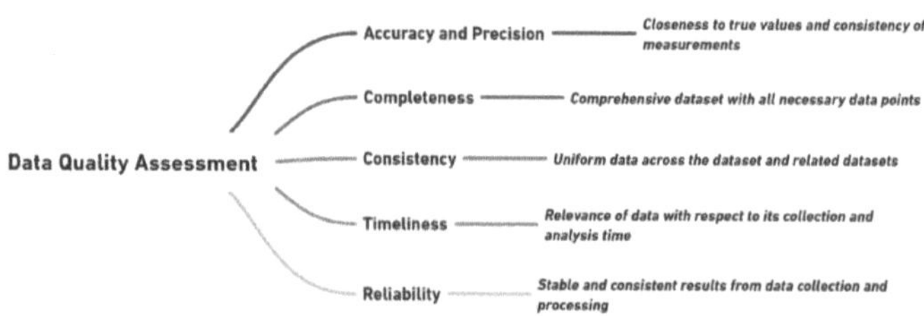

Figura 2 - 4 . Várias métricas para a avaliação da qualidade dos dados

CHAPTER 3:

Modelos de previsão baseados em dados

3.1 Técnicas de regressão

As técnicas de regressão são fundamentais para a modelação preditiva, especialmente em engenharia civil, onde são utilizadas para estabelecer relações entre variáveis dependentes e independentes, frequentemente para prever um resultado contínuo.

1. **Regressão Linear**:

A regressão linear é um método estatístico fundamental utilizado extensivamente em várias disciplinas, incluindo a engenharia civil, para modelar e analisar as relações entre duas ou mais variáveis. É considerada a forma mais direta de análise de regressão, em que a relação entre a(s) variável(eis) independente(s) (preditores) e a variável dependente (alvo) é modelada como uma equação linear (ver **Figura 3 - 1**).

A Equação Linear

O núcleo da regressão linear é a equação linear apresentada na **Eq. (1)**:

$$Y = \beta_0 + \beta_1 X_1 + \beta_2 X_2 + \ldots + \beta_n X_n + \epsilon \tag{1}$$

Y representa a variável dependente ou a variável-alvo que está a tentar prever.

$X1, X2, \ldots, Xn$ são as variáveis independentes (preditoras) que influenciam Y.

β_0 é a interceção y, que representa o valor de Y quando todos os factores de previsão X são 0.

$\beta1, \beta2, \ldots, \beta n$ são os coeficientes das variáveis independentes, quantificando a sua contribuição individual para a variável dependente.

ϵ representa o termo de erro, representando a variação em Y que não pode ser explicada pelos factores de previsão.

Aplicação em Engenharia Civil

1. **Previsão da resistência do material:**

   - A regressão linear pode ser utilizada para estabelecer uma relação entre a composição dos materiais e a sua resistência resultante. Por exemplo, na conceção de misturas de betão, as proporções de cimento, areia, agregado e água podem ser variáveis preditoras e a resistência à compressão do betão pode ser a variável alvo.

   - Ao analisar dados históricos sobre composições de materiais e as suas resistências testadas, um modelo linear pode prever a resistência de novas concepções de misturas antes de serem fisicamente criadas e testadas.

2. **Estimativa da capacidade de carga:**

- Os atributos estruturais de vigas, pilares ou outros elementos, tais como as suas dimensões, propriedades do material e o tipo de cargas aplicadas, podem servir como preditores num modelo de regressão linear para estimar a sua capacidade de carga.

- Um modelo deste tipo pode ajudar os engenheiros a avaliar rapidamente se um elemento estrutural cumprirá as normas de desempenho exigidas, informando assim as decisões de projeto e garantindo a segurança e a conformidade com os regulamentos.

Vantagens da Regressão Linear

- **Simplicidade e interpretabilidade:** Os modelos de regressão linear são fáceis de compreender e interpretar, o que os torna uma ferramenta valiosa para fazer previsões e também para compreender a relação entre variáveis.

- **Eficiência:** A sua execução é computacionalmente pouco dispendiosa, o que é particularmente vantajoso quando se trabalha com grandes conjuntos de dados ou quando são necessários cálculos rápidos.

- **Base para modelos complexos:** A regressão linear serve de base para modelos mais complexos. Compreender a regressão linear é crucial para compreender os meandros dos métodos estatísticos mais avançados.

Desafios e considerações

- **Pressupostos:** A regressão linear tem vários pressupostos, incluindo a linearidade, a homocedasticidade (variância constante dos termos de erro) e a normalidade dos termos de erro. A violação destes pressupostos pode conduzir a resultados enviesados ou enganadores.

- **Sobreajuste e subajuste:** Embora a regressão linear seja menos propensa a sobreajustar em comparação com modelos mais complexos, pode subajustar os dados, não captando os padrões subjacentes se a verdadeira relação não for linear.

- **Extrapolação:** Deve ter-se cuidado ao utilizar modelos de regressão linear para previsões fora do intervalo dos dados de treino, uma vez que o pressuposto de linearidade pode não se manter em regiões não testadas.

Na engenharia civil, a aplicação prática da regressão linear pode melhorar significativamente as capacidades analíticas, ajudando na previsão, projeto e análise de vários aspectos estruturais e materiais. A sua simplicidade, aliada às suas poderosas capacidades de previsão, torna-a uma ferramenta indispensável no conjunto de ferramentas do engenheiro.

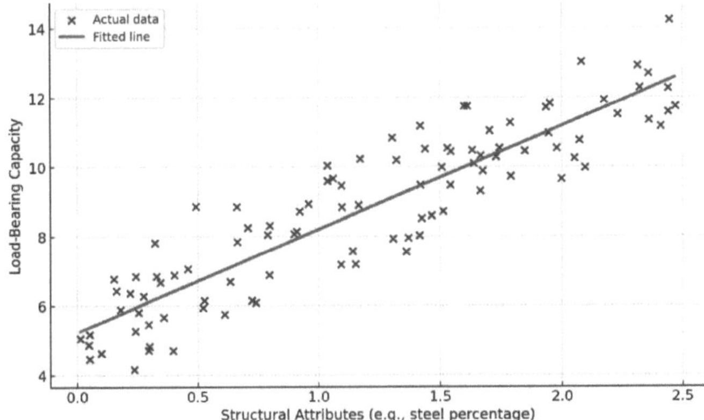

Figura 3 - 1 . Arquitetura de treino dos modelos de regressão linear

2. Regressão polinomial:

A regressão polinomial é uma forma de análise de regressão em que a relação entre a variável independente x e a variável dependente y é modelada como um polinómio de grau n. Amplia a regressão linear introduzindo potências adicionais da variável de entrada, captando assim uma gama mais ampla de associação entre as variáveis quando a relação é não linear. Ver **Figura 3 - 2** que mostra a representação visual da arquitetura de treino do modelo polinomial.

Representação matemática

O modelo de regressão polinomial pode ser expresso como indicado na **Eq. (2)**:

$$y = \beta_0 + \beta_1 x + \beta_2 x_2 + \ldots + \beta_n x_n + \epsilon \tag{2}$$

y é a variável dependente que está a tentar prever ou compreender.

x é a variável independente.

$\beta_0, \beta_1, \beta_2, \ldots, \beta_n$ são os coeficientes do modelo, que o algoritmo de regressão irá estimar.

$x_2, x_3, \ldots, x_n$ representam os termos polinomiais, que introduzem a não linearidade no modelo.

ϵ é o termo de erro, representando a parte de y que não pode ser explicada pelos termos polinomiais.

Aplicação em Engenharia Civil

1. Modelação de curvas tensão-deformação:

- Na engenharia de materiais, a compreensão da relação tensão-deformação é crucial para a previsão do comportamento do material sob carga. A regressão polinomial pode modelar estas curvas com precisão,

15

especialmente quando a relação apresenta características não lineares para além do limite elástico.

- Estes modelos permitem aos engenheiros prever o ponto de rutura do material, o limite de elasticidade ou o módulo de elasticidade através da adaptação de uma curva polinomial a dados empíricos de tensão-deformação.

2. **Previsão do assentamento da fundação:**

- O assentamento de fundações ao longo do tempo pode ser complexo, influenciado por factores como a carga, a composição do solo e o teor de humidade. A regressão polinomial pode ser utilizada para prever a quantidade de assentamento ao longo do tempo, oferecendo uma ferramenta poderosa aos engenheiros geotécnicos para projetar fundações que minimizem os problemas de assentamento a longo prazo.

Vantagens da regressão polinomial

- **Flexibilidade:** A regressão polinomial pode ajustar-se a uma grande variedade de curvas, tornando-a mais adaptável a dados empíricos que apresentam tendências não lineares.

- **Melhor ajuste para dados não lineares:** Pode modelar dados com relações não lineares com mais exatidão do que a regressão linear, fornecendo uma compreensão mais matizada dos dados.

- **Interpretabilidade:** Embora mais complexos do que a regressão linear, os modelos polinomiais ainda mantêm um nível de interpretabilidade, especialmente para polinómios de grau inferior.

Desafios e considerações

- **Risco de sobreajuste:** Os modelos de regressão polinomial de grau superior podem ajustar-se demasiado aos dados de treino, capturando o ruído juntamente com o padrão subjacente, o que pode levar a um fraco desempenho de previsão em dados novos e não vistos.

- **Escolher o grau correto do polinómio:** Determinar o grau ótimo do polinómio é crucial. Se for demasiado baixo, corre-se o risco de subadaptação; se for demasiado alto, corre-se o risco de sobreadaptação. As técnicas de validação cruzada são frequentemente utilizadas para selecionar o grau adequado.

- **Estabilidade numérica:** Os modelos polinomiais, especialmente os de graus mais elevados, podem sofrer de instabilidade numérica, em que pequenas alterações nos dados conduzem a grandes alterações nas estimativas do modelo.

Representação visual: Arquitetura de treino de modelos polinomiais

No contexto referido na Figura 3 - 2, imagine-se uma representação gráfica que ilustre a arquitetura do treino de modelos polinomiais. Normalmente, esta representação representaria

- Uma camada de entrada que representa a variável independente x.

- Nós de transformação que aplicam potências de x (como $x2, x3, ... xn$) para introduzir não-linearidade.

- Uma camada de regressão que combina linearmente estas entradas transformadas com coeficientes estimados (β) para prever a saída y.

- O processo de treinamento, destacando como o modelo ajusta seus coeficientes para minimizar o erro entre os valores previstos e os valores reais, normalmente visualizado como uma curva que se ajusta aos pontos de dados.

A regressão polinomial é uma ferramenta poderosa na engenharia civil, fornecendo capacidades de modelação melhoradas para relações não lineares inerentes a muitos fenómenos de engenharia. A sua capacidade de captar padrões complexos torna-a inestimável para tarefas como a previsão do comportamento de materiais e a análise de assentamentos de fundações, em que a compreensão das nuances das relações não lineares é essencial para avaliações de engenharia e tomadas de decisão exactas.

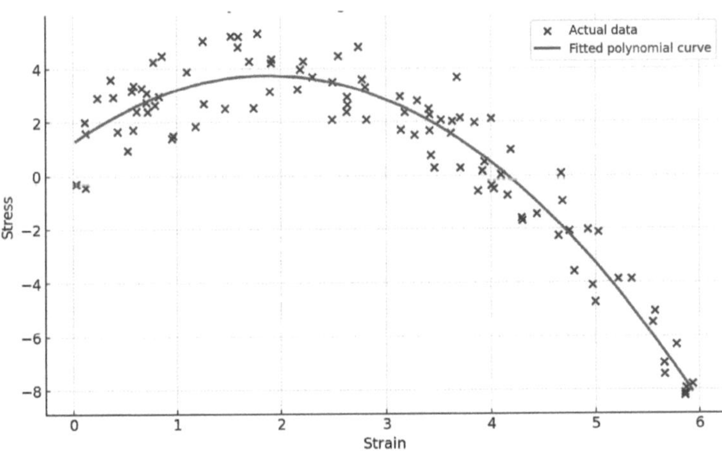

Figura 3 - 2 . Treino de regressão polinomial no conjunto de dados

3. Regressão logística:

A regressão logística, apesar da sua nomenclatura, é utilizada principalmente para tarefas de classificação binária e não de regressão. Estima a probabilidade de um determinado ponto de entrada pertencer a uma determinada classe, o que a torna ideal para cenários em que o resultado é dicotómico, como decisões do tipo sim/não, passa/falha ou verdadeiro/falso. Este método aplica uma função logística para modelar a probabilidade da classe predefinida, transformando o resultado da regressão linear numa pontuação de probabilidade que se situa entre 0 e 1. A topologia de treino do modelo está representada na **Figura 3- 3**.

Quadro matemático
O modelo de regressão logística pode ser representado matematicamente como indicado na **Eq. (3)**:

$$P(Y = 1) = \frac{1}{1+e^{-(\beta_0+\beta_1 X_1+\beta_2 X_2+\cdots+\beta_n X_n)}} \tag{3}$$

$P(Y=1)$ é a probabilidade de a variável dependente Y pertencer à classe 1.

$X1,X2,...,Xn$ são as variáveis independentes.

$\beta0,\beta1,\beta2,...,\beta n$ são os coeficientes de regressão, que representam a relação entre os factores de previsão e as probabilidades logarítmicas do resultado.

A função logística $\frac{1}{1+e^{-z}}$ (em que $z=\beta0+\beta1 X1+\beta2 X2+...+\beta n Xn$) é o que garante que o resultado se situa entre 0 e 1, adequado para a interpretação de probabilidades.

Aplicação em Engenharia Civil

1. **Determinação da probabilidade de falha estrutural:**

   - A regressão logística pode ser utilizada para prever a probabilidade de falha em componentes estruturais. Ao introduzir características como as propriedades do material, características de carga e padrões de utilização, o modelo pode fornecer a probabilidade de uma estrutura ou componente falhar, ajudando os engenheiros a tomar decisões de segurança informadas.

2. **Estado de aprovação/reprovação dos ensaios de qualidade dos materiais:**

   - É frequentemente utilizada em processos de controlo de qualidade para classificar materiais ou componentes como aprovados ou reprovados com base em vários resultados de testes. A regressão logística pode analisar os dados de teste e prever a probabilidade de um determinado lote cumprir as normas de qualidade exigidas, simplificando o processo de garantia de qualidade.

Principais características da Regressão Logística

- **Classificação binária:** Perfeito para cenários de resultados binários, em que os resultados são dicotómicos.

- **Interpretação probabilística:** Fornece as probabilidades para os resultados, oferecendo mais do que apenas uma classificação.

- **Topologia de treinamento do modelo:** No contexto referido na Figura 3-3, imagine uma representação esquemática do treino da regressão logística, mostrando as variáveis de entrada a serem transformadas através da função logística, alinhadas com o resultado binário. O diagrama ilustraria tipicamente a curva logística que representa a distribuição de probabilidade dos resultados binários.

- **Determinação do limiar:** Um aspeto crítico da regressão logística é a definição de um valor limite, normalmente 0,5, para decidir as atribuições de classe (por exemplo, acima do limite para a classe 1, abaixo para a classe 0), que pode ser ajustado com base no contexto do problema para equilibrar o compromisso entre sensibilidade e especificidade.

Desafios e considerações

- **Limite de decisão linear:** O limite de decisão na regressão logística é linear, o que pode não ser adequado para conjuntos de dados em que a relação entre as características e as probabilidades logarítmicas do resultado é complexa ou não linear.

- **Seleção de características:** É crucial selecionar características relevantes e evitar a multicolinearidade, uma vez que as características irrelevantes ou altamente correlacionadas podem degradar o desempenho do modelo.

- **Balanceamento de dados:** O desempenho da regressão logística pode ser significativamente afetado por dados desequilibrados, exigindo frequentemente técnicas como a reamostragem, a ponderação de classes ou métricas de avaliação especializadas para garantir uma formação e avaliação robustas do modelo.

A regressão logística destaca-se como uma ferramenta fundamental na engenharia civil, especialmente em cenários que exigem decisões claras e binárias. A sua capacidade de fornecer resultados probabilísticos torna-a um recurso valioso para a avaliação de riscos, controlo de qualidade e avaliações de segurança, permitindo que os engenheiros tomem decisões informadas por dados que aumentam a fiabilidade, a eficiência e o sucesso global do projeto.

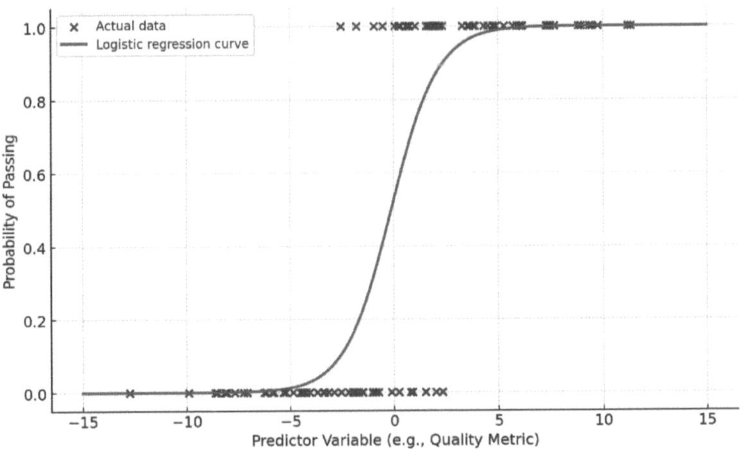

Figura 3- 3 . Topologia de treino do modelo de regressão logística

4. **Regressão Ridge e Lasso:**

A regressão Ridge e a regressão Lasso são dois métodos de regularização comummente utilizados na regressão linear, particularmente valiosos quando se lida com multicolinearidade ou espaços de dados de elevada dimensão em que o número de preditores (características) excede o número de observações. Ambos os métodos modificam a função de perda tradicional dos mínimos quadrados adicionando um termo de penalização, que ajuda a controlar a complexidade do modelo, evitando assim o sobreajuste. A regressão de cumeeira acrescenta uma magnitude quadrada do coeficiente como termo de penalização à função de perda (ver **Figura 3 - 4**), enquanto a regressão

19

Lasso adiciona um valor absoluto da magnitude do coeficiente, como se mostra na **Figura 3 - 5**o que pode levar à seleção de características, reduzindo alguns coeficientes a zero.

Regressão Ridge (Regularização L2)

A regressão Ridge, também conhecida como regularização L2, modifica o objetivo dos mínimos quadrados adicionando a magnitude quadrada dos coeficientes como um termo de penalização. A função de otimização pode ser representada pela **Eq. (4)**:

$$Minimize: \sum_{i=1}^{n}\left(y_i - \sum_{j=1}^{p}\beta_j x_{ij}\right)^2 + \lambda \sum_{j=1}^{p}\beta_j^2 \tag{4}$$

Aqui, y_i representa os valores observados, x_{ij} são as variáveis preditoras e β_j são os coeficientes de regressão. λ é o parâmetro de regularização, um hiperparâmetro que controla a força da penalização. Quanto maior for o valor de λ, mais significativa é a quantidade de contração e, assim, os coeficientes podem tornar-se mais robustos contra a colinearidade.

Aplicações em Engenharia Civil:

- **Modelagem preditiva com muitos preditores:** Útil em cenários em que existem muitos preditores potenciais e alguma forma de redução pode ajudar a evitar o sobreajuste e a melhorar o desempenho de previsão do modelo.

- **Estabilidade na presença de multicolinearidade:** Quando os preditores estão altamente correlacionados, a regressão Ridge pode estabilizar o processo de estimativa e fornecer estimativas mais fiáveis.

Regressão Lasso (Regularização L1)

A regressão Lasso, que significa Least Absolute Shrinkage and Selection Operator, incorpora a regularização L1 no modelo linear, adicionando o valor absoluto da magnitude dos coeficientes à função de perda. A otimização pode ser expressa pela **Eq. (5)**:

$$Minimize: \sum_{i=1}^{n}\left(y_i - \sum_{j=1}^{p}\beta_j x_{ij}\right)^2 + \lambda \sum_{j=1}^{p}|\beta_j| \tag{5}$$

À semelhança de Ridge, y_i são os valores observados, x_{ij} os factores de previsão e β_j os coeficientes.

O termo de penalização L1 do Laço tende a reduzir alguns coeficientes a zero, realizando efetivamente a seleção de variáveis e resultando num modelo que inclui apenas um subconjunto dos preditores originais.

Aplicações em Engenharia Civil:

- **Seleção de características:** Ideal para cenários em que é benéfico reduzir o número de variáveis para as mais preditivas do resultado, como no desenvolvimento de modelos preditivos simplificados para estimativa de custos de construção ou monitorização do estado estrutural.

- **Melhorar a interpretabilidade do modelo:** Ao eliminar preditores não informativos, o Lasso pode ajudar a criar modelos mais interpretáveis, o que é crucial para a tomada de decisões e o desenvolvimento de políticas em contextos de engenharia civil.

- **Topologia de treinamento de modelo para Ridge e Lasso:** envolve a combinação linear das características de entrada de acordo com pesos (coeficientes) determinados durante o processo de treinamento. O treinamento tem como objetivo minimizar uma função de perda que inclui uma penalidade no tamanho dos coeficientes; a função de perda para Ridge inclui coeficientes ao quadrado, enquanto para Lasso, são os valores absolutos. O processo de treinamento ajusta os coeficientes para equilibrar o erro de ajuste em relação à magnitude dos coeficientes, de acordo com o termo de regularização.

- **Visualização das Figuras 3 - 4 e 3 - 5:** Estas representariam tipicamente as paisagens da função de perda para a regressão Ridge e Lasso. Para Ridge (Figura 3 - 4), a visualização pode mostrar um contorno parabólico indicando como o termo de penalização influencia as magnitudes dos coeficientes. Para Lasso (Figura 3 - 5), pode ilustrar a forma como a penalização L1 leva a cantos no gráfico de contorno, onde os coeficientes podem ser levados exatamente a zero, conseguindo a seleção de características.

A regressão Ridge e Lasso são ferramentas essenciais no conjunto de ferramentas de ciência de dados do engenheiro civil, especialmente valiosas em cenários que envolvem grandes conjuntos de dados com muitas características. Ao ajustar adequadamente a força de regularização, os engenheiros podem desenvolver modelos que se generalizam bem a novos dados, evitando as armadilhas do sobreajuste e, possivelmente, reduzindo também a complexidade do modelo através da seleção de características (no caso do Lasso).

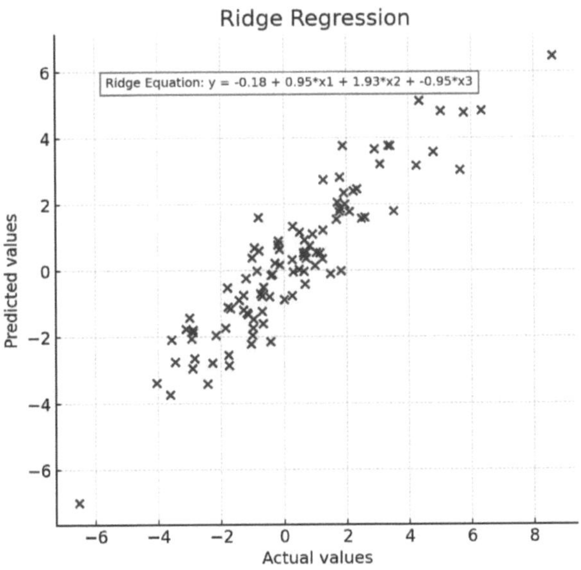

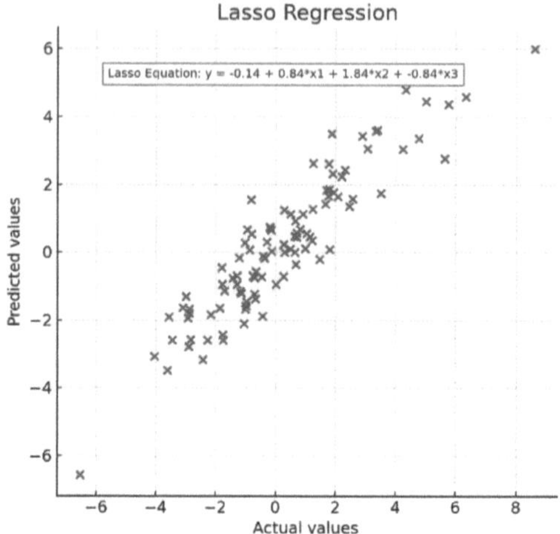

Figura 3 - 5 . Topologia de treino do modelo de regressão Lasso

3.2 Análise de séries temporais

A análise de séries cronológicas envolve técnicas estatísticas que lidam com pontos de dados ordenados no tempo. É particularmente importante na engenharia civil para prever e monitorizar alterações ao longo do tempo. As várias técnicas de análise de séries temporais estão representadas na **Figura 3 - 6**.

1. **ARIMA (Média Móvel Integrada Autoregressiva):** Um modelo popular na previsão de séries temporais que utiliza uma combinação de componentes autoregressivos (AR), de diferenciação (I) e de média móvel (MA). É amplamente utilizado na engenharia civil para prever variáveis como o fluxo de tráfego, a procura de água ou os níveis de poluentes ambientais ao longo do tempo.

2. **Decomposição sazonal:** Esta técnica decompõe uma série temporal em sazonal, tendência, tal como a monitorização da saúde, como mostrado na **Figura 3- 7**e componentes aleatórios, que podem ser cruciais para compreender e prever variações sazonais na procura de construção, no fornecimento de materiais ou nas condições ambientais que afectam os projectos de engenharia civil.

3. **Suavização exponencial:** Um método que utiliza médias ponderadas de observações passadas para prever valores futuros, dando mais peso às observações recentes. É particularmente útil para previsões de curto prazo em engenharia civil, como a previsão das condições de tráfego do dia seguinte ou a procura de eletricidade num edifício.

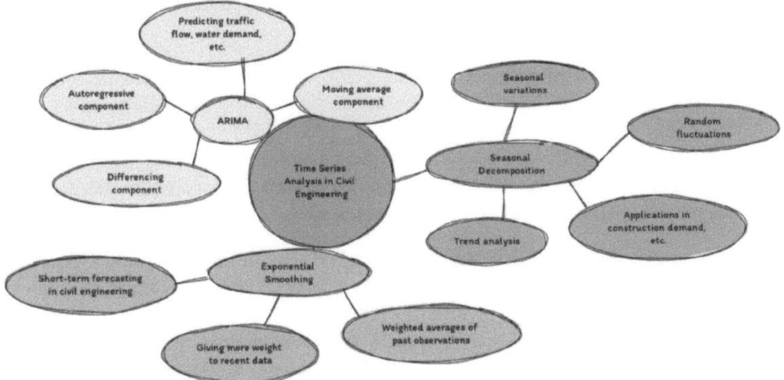

Figura 3 - 6 . Várias técnicas de análise de dados de séries cronológicas

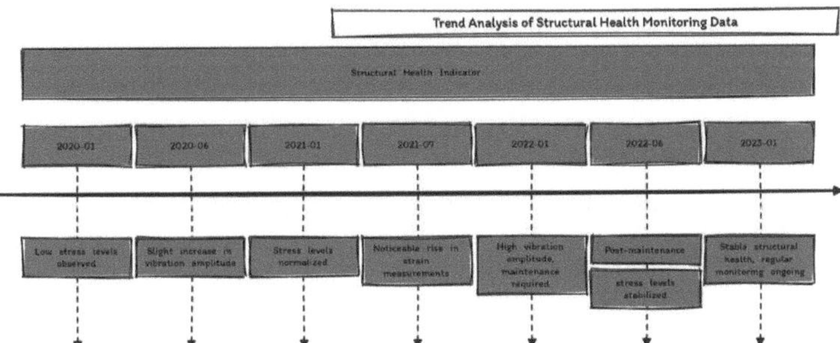

Figura 3- 7 . Cronologia das tendências de monitorização do estado de saúde estrutural

3.3 Métodos de conjunto

Os métodos de conjunto combinam vários modelos de previsão para melhorar a exatidão, reduzir a variância e evitar o sobreajuste. São particularmente eficazes em engenharia civil para tarefas de previsão complexas em que os modelos individuais não são suficientes.

1. **Floresta aleatória:** Floresta aleatória (Breiman, 2001) é um algoritmo de aprendizagem automática versátil e poderoso que pertence à categoria de aprendizagem em conjunto, o que significa que se baseia na combinação de vários modelos para melhorar o desempenho global da previsão. Especificamente, junta várias árvores de decisão para formar uma "floresta", aproveitando o resultado coletivo de vários modelos para fornecer previsões mais precisas e fiáveis do que qualquer árvore individual poderia fornecer.

Como funciona

- **Fundação das árvores de decisão:** No seu núcleo, o Random Forest utiliza várias árvores de decisão, cada uma delas um modelo simples que toma decisões com base nas características de entrada, dividindo os dados em ramos que levam a diferentes resultados. Estas árvores são construídas dividindo o conjunto de dados em subconjuntos com base nos valores das características, com o objetivo de agrupar respostas semelhantes.

- **Método de ensacamento:** A Floresta Aleatória utiliza a técnica de agregação bootstrap (bagging), em que cada árvore da floresta é treinada num subconjunto aleatório dos dados. Este subconjunto é selecionado com substituição, o que significa que o mesmo ponto de dados pode aparecer várias vezes no conjunto de treino. Esta abordagem aumenta a diversidade entre as árvores, o que diminui a variância do modelo e ajuda a evitar o sobreajuste.

- **Seleção aleatória de características:** Nas árvores de decisão tradicionais, cada divisão é feita usando a melhor divisão entre todas as características. Em contrapartida, cada árvore de uma floresta aleatória selecciona aleatoriamente um subconjunto de características em cada ponto de divisão, o que introduz mais diversidade entre as árvores e contribui para a robustez e generalização do modelo.

- **Agregação de previsões:** Após o treino, as previsões são efectuadas através da agregação das previsões de todas as árvores individuais. Para tarefas de regressão, essa é normalmente a média das previsões de cada árvore. Para a classificação, é o voto da maioria (ou a moda) dos resultados previstos por todas as árvores.

Aplicações em Engenharia Civil

- **Previsão da erosão do solo:** A floresta aleatória pode analisar dados históricos sobre a composição do solo, precipitação, utilização do solo e incidentes de erosão anteriores para prever os riscos futuros de erosão do solo. Esta informação é crucial para o planeamento de estratégias eficazes de conservação do solo e para a prevenção de impactos ambientais adversos.

- **Estimativa de vida útil de infra-estruturas:** Ao introduzir dados sobre as propriedades dos materiais, condições ambientais, histórico de cargas e registos de manutenção, o Random Forest pode prever o tempo de vida restante de estruturas como pontes, estradas ou edifícios, ajudando no planeamento da manutenção e na atribuição de recursos.

- **Monitorização do estado de saúde estrutural:** O algoritmo pode processar dados de sensores que monitorizam vibrações, tensões ou deformações para identificar padrões que indiquem potenciais falhas estruturais, permitindo a manutenção preventiva ou investigações para garantir a segurança.

- **Alocação de recursos:** Na gestão de projectos, o Random Forest pode prever os recursos necessários, como mão de obra, materiais e maquinaria, com base nas especificações do projeto, dados históricos e tendências actuais, optimizando a atribuição de recursos e a calendarização do projeto.

Vantagens do Random Forest

- **Robustez e precisão:** A abordagem de conjunto torna o Random Forest mais exato e robusto do que as árvores de decisão individuais, particularmente para conjuntos de dados complexos com muitas variáveis.

- **Lida com o sobreajuste:** A aleatoriedade inerente na seleção de amostras e características ajuda a evitar o sobreajuste, tornando-o fiável para fazer previsões sobre dados não vistos.

- **Versatilidade:** Pode ser utilizado tanto para problemas de regressão como de classificação, o que o torna uma ferramenta versátil no arsenal analítico do engenheiro civil.

- **Importância das características:** O Random Forest pode fornecer informações sobre a importância de diferentes características na previsão do resultado, o que pode ser inestimável para compreender os processos subjacentes e concentrar os esforços nos factores mais influentes.

2. **Reforço de gradiente:** Reforço de Gradiente (Friedman, 2002) é uma poderosa técnica de aprendizagem automática que constrói um modelo de previsão sob a forma de um conjunto de modelos de previsão fracos, normalmente árvores de decisão. Constrói o modelo de forma faseada e generaliza-o, permitindo a otimização de uma função de perda diferenciável arbitrária.

Como funciona

- **Construção sequencial de árvores:** Ao contrário do Random Forest, onde as árvores são construídas independentemente, o Gradient Boosting constrói uma árvore de cada vez sequencialmente. Cada nova árvore é criada para corrigir os erros cometidos pelas árvores treinadas anteriormente. A ideia é melhorar continuamente a precisão do modelo, concentrando-se nas instâncias mais difíceis de prever no conjunto de dados de treinamento.

- **Otimização da função de perda:** Em cada etapa, o algoritmo analisa os resíduos ou erros de todas as previsões e tenta ajustar uma nova árvore que preveja esses resíduos. Essencialmente, cada nova árvore compensa as deficiências do conjunto de árvores já existente. O "gradiente" em Gradient Boosting refere-se ao facto de o algoritmo utilizar a descida do gradiente para minimizar a perda ao adicionar novos modelos.

- **Aprendizes fracos:** Os modelos individuais no conjunto são normalmente árvores de decisão simples que têm uma estrutura restrita (por exemplo, uma profundidade limitada), o que garante que são aprendizes fracos. O modelo final do conjunto, que é a soma desses modelos fracos, pode ser um aprendiz forte, capaz de fazer previsões precisas.

- **Regularização:** O Gradient Boosting incorpora várias técnicas de regularização, como a taxa de aprendizagem (encolhimento) e o controlo da profundidade, que ajudam a evitar o sobreajuste, controlando a influência de cada árvore e a complexidade dos modelos.

Aplicações em Engenharia Civil

- **Previsão da capacidade de carga:** O Gradient Boosting pode integrar dados de testes de carga anteriores, propriedades do material, parâmetros de projeto e padrões de utilização para prever a capacidade de carga de estruturas como pontes ou edifícios, ajudando nas avaliações de segurança e na verificação do projeto.

- **Classificação da aptidão do terreno:** O algoritmo pode analisar vários factores, como o tipo de solo, a topografia, os dados climáticos e a utilização anterior do solo, para classificar as áreas de acordo com a sua adequação a diferentes tipos de construção, apoiando um melhor planeamento da utilização do solo e a conservação ambiental.

- **Previsão da procura de construção:** Ao avaliar indicadores económicos, dados de crescimento populacional, tendências de urbanização e dados históricos de construção, os modelos Gradient Boosting podem prever a procura futura de construção, ajudando as empresas no planeamento estratégico e na atribuição de recursos.

- **Programação da manutenção da infraestrutura:** Utilizando registos históricos de manutenção, dados de sensores e parâmetros operacionais, o método pode prever quando é provável que a manutenção seja necessária, optimizando os calendários de manutenção e evitando falhas inesperadas na infraestrutura.

Vantagens do Gradient Boosting

- **Alta precisão de previsão:** O Gradient Boosting fornece frequentemente previsões de elevada precisão, superando outros métodos, especialmente quando configurado corretamente.

- **Flexibilidade:** Pode ser utilizado com diferentes funções de perda, o que o torna adaptável a vários tipos de problemas de previsão, tanto em contextos de regressão como de classificação.

- **Importância das características:** Semelhante ao Random Forest, o Gradient Boosting fornece informações sobre a importância de cada caraterística na realização da previsão, oferecendo informações valiosas para a compreensão dos fenómenos subjacentes.

- **Tratamento de valores ausentes:** O algoritmo pode tratar dados em falta de forma inerente, dividindo nós em árvores de decisão com base em valores em falta quando isso produz a separação mais significativa.

Desafios e considerações

- **Risco de sobreajuste:** Se não forem corretamente ajustados, os modelos de Gradient Boosting podem sobreajustar-se, especialmente em cenários com dados ruidosos ou quando os dados são demasiado pequenos.

- **Intensidade computacional:** A construção de árvores sequenciais pode ser computacionalmente intensiva e demorada, particularmente com grandes conjuntos de dados e modelos complexos.

- **Ajuste de parâmetros:** O desempenho do Gradient Boosting depende fortemente das definições de vários hiperparâmetros, incluindo o número de árvores, a profundidade da árvore e a taxa de aprendizagem, exigindo uma otimização extensiva dos hiperparâmetros para obter os melhores resultados.

3. **Empilhamento:** O empilhamento, abreviatura de "generalização empilhada", é um algoritmo de aprendizagem automática de conjuntos que combina vários modelos preditivos para obter uma melhor precisão e desempenho do modelo do que qualquer modelo individual poderia obter sozinho. Funciona através da formação de um meta-modelo para efetuar previsões finais com base nas previsões de vários modelos de base. Esta abordagem permite a integração de diversos modelos, cada um potencialmente adequado para captar diferentes padrões nos dados, e sintetiza os seus pontos fortes para aumentar o poder de previsão do conjunto.

Como funciona

- **Modelos de nível básico:** O primeiro nível da estrutura de empilhamento envolve o treinamento de vários modelos diversos, geralmente chamados de modelos de base ou modelos de nível 0. Estes modelos podem variar muito, desde a regressão linear simples até às redes neuronais complexas, e são treinados no mesmo conjunto de dados de treino, mas podem interpretar os dados de forma diferente devido às suas estruturas algorítmicas distintas.

- **Meta-modelo:** O segundo nível, ou o meta-modelo, é treinado nos resultados (previsões) dos modelos de base. O conjunto de dados de treino original é transformado num novo conjunto de dados em que as características são as previsões dos modelos de base, e o objetivo permanece o mesmo. O meta-modelo, que pode ser um algoritmo diferente, aprende a combinar de forma óptima as previsões do modelo de base para fazer uma previsão final.

- **Validação cruzada:** Para evitar a fuga de informação e garantir que o meta-modelo é treinado em dados não vistos, a validação cruzada é frequentemente utilizada. Cada modelo de base é treinado numa parte do conjunto de treino e faz previsões sobre a parte restante. Estas previsões fora do conjunto de dados são depois utilizadas como características de entrada para treinar o meta-modelo.

Aplicações em Engenharia Civil

- **Gestão de projectos:** O empilhamento pode ser utilizado para combinar previsões de séries temporais de marcos do projeto com modelos transversais que prevêem a utilização de recursos, oferecendo uma visão abrangente que ajuda na programação e gestão eficazes do projeto.

- **Alocação de recursos:** Ao integrar modelos que prevêem a procura de diferentes recursos com os que prevêem os prazos da cadeia de fornecimento, o empilhamento pode fornecer estratégias optimizadas para a atribuição de recursos, assegurando uma execução atempada e rentável do projeto.

- **Avaliação de riscos:** Diferentes modelos que prevêem vários factores de risco, como riscos de falha estrutural, riscos ambientais e riscos financeiros, podem ser combinados através de empilhamento, fornecendo um perfil de risco holístico que apoia uma tomada de decisão mais informada.

- **Previsão do desempenho das infra-estruturas:** O empilhamento pode combinar modelos treinados em diferentes aspectos da saúde da infraestrutura - como a fadiga do material, a capacidade de carga e o impacto ambiental - para prever o desempenho geral e a longevidade da infraestrutura.

Vantagens do empilhamento

- **Precisão de previsão melhorada:** Ao combinar os pontos fortes de vários modelos, o empilhamento atinge frequentemente uma precisão mais elevada e uma melhor generalização do que qualquer modelo único ou técnicas de conjunto padrão, como bagging ou boosting.

- **Diversidade de modelos:** O empilhamento é inerentemente concebido para capitalizar a diversidade dos modelos de base, tornando-o robusto contra o sobreajuste e eficaz no tratamento de relações complexas e não lineares nos dados.

- **Flexibilidade e personalização:** A estrutura de empilhamento permite uma flexibilidade significativa na escolha da base e dos meta-modelos, permitindo a personalização do conjunto de acordo com as características específicas do problema de engenharia civil em questão.

- **Utilização optimizada da informação:** Ao aprender a melhor forma de combinar as previsões do modelo de base, o meta-modelo pode efetivamente aproveitar toda a informação disponível, conduzindo frequentemente a previsões mais perspicazes e precisas.

Desafios e considerações

- **Complexidade do modelo:** O empilhamento pode introduzir uma complexidade adicional, tanto em termos de compreensão das previsões do modelo como em termos de requisitos computacionais, especialmente à medida que o número de modelos de base aumenta.

- **Risco de sobreajuste:** Se não for cuidadosamente regulado, especialmente na escolha e formação do meta-modelo, o empilhamento pode sobreajustar os dados de formação, especialmente se as previsões do modelo de base estiverem altamente correlacionadas.

- **Ajuste de parâmetros:** O desempenho de um conjunto de empilhamento pode ser sensível aos hiperparâmetros dos modelos de base e do meta-modelo, necessitando de uma afinação e validação minuciosas para garantir um desempenho ótimo.

O empilhamento representa uma abordagem sofisticada no paradigma da aprendizagem de conjuntos, oferecendo aos profissionais de engenharia civil uma ferramenta poderosa para melhorar a precisão das previsões através da combinação de diferentes modelos. A sua aplicação pode conduzir a previsões mais matizadas e precisas, conduzindo a decisões e optimizações mais inteligentes em vários domínios da engenharia civil.

Os modelos de previsão baseados em dados, especialmente quando aplicados de forma eficaz, podem melhorar significativamente as capacidades de análise preditiva na engenharia civil. Utilizando técnicas de regressão, análise de séries temporais e métodos de conjunto, os engenheiros civis podem prever tendências futuras, tomar decisões informadas e otimizar a conceção e o funcionamento de projectos de infra-estruturas, garantindo a sua segurança, eficiência e sustentabilidade. Estes métodos não só ajudam nas tarefas de previsão, como também contribuem para a base de conhecimentos global, abrindo caminho a soluções inovadoras para os desafios da engenharia civil.

CHAPTER 4:

Aprendizagem automática em previsões de engenharia civil

4.1 Introdução à aprendizagem automática

A aprendizagem automática (ML) representa uma força transformadora na engenharia civil, oferecendo abordagens inovadoras para compreender, prever e otimizar várias facetas do campo (Flah et al., 2021). Envolve o treino de algoritmos para fazer previsões ou tomar decisões com base em dados, padrões de aprendizagem e relações em conjuntos de dados históricos. Ao contrário dos modelos tradicionais que requerem programação explícita, os algoritmos de aprendizagem automática aprendem automaticamente a forma ideal de representar os dados através da experiência, o que os torna excecionalmente adaptáveis a uma vasta gama de problemas de engenharia civil.

A aplicação do ML na engenharia civil estende-se a vários domínios, desde a manutenção preditiva e a monitorização do estado das estruturas até à atribuição de recursos e às avaliações do impacto ambiental. Ao integrar a aprendizagem automática, os engenheiros podem aproveitar as vastas quantidades de dados gerados em projectos civis, transformando-os em informações accionáveis, melhorando assim a eficiência, a segurança e a sustentabilidade.

4.2 Aprendizagem supervisionada e não supervisionada

As técnicas de aprendizagem automática em engenharia civil podem ser classificadas, em termos gerais, em aprendizagem supervisionada e não supervisionada, como se mostra **Figura 4 - 1** cada uma com metodologias e aplicações distintas:

1. **Aprendizagem supervisionada:**

   - Isto envolve o treino de um modelo num conjunto de dados rotulados, em que o resultado desejado é conhecido. O modelo aprende a mapear os dados de entrada para o resultado correto, tornando-o ideal para tarefas de modelação preditiva.

   - **Aplicações em Engenharia Civil:**

     - **Manutenção preditiva:** Utilização de dados históricos para prever quando é que as máquinas ou infra-estruturas podem falhar, permitindo uma manutenção atempada.

     - **Monitorização do estado das estruturas:** Prever a probabilidade de falhas estruturais, aprendendo com os dados sobre incidentes passados e o estado atual das estruturas.

     - **Estimativa de recursos:** Estimar as quantidades de materiais necessários, os prazos do projeto e os custos com base nas especificações do projeto e nos dados históricos.

2. **Aprendizagem não supervisionada:**

- A aprendizagem não supervisionada encontra padrões ocultos ou estruturas intrínsecas nos dados de entrada sem rótulos pré-existentes. É particularmente útil para a análise exploratória de dados, agrupamento e redução da dimensionalidade.

- **Aplicações em Engenharia Civil:**

  - **Agrupamento de propriedades de materiais:** Identificação de padrões ou grupos em dados de materiais para descobrir novos conhecimentos ou categorizar materiais com base nas suas propriedades.

  - **Deteção de anomalias:** Deteção de padrões invulgares que não estão em conformidade com o comportamento esperado, útil na monitorização de infra-estruturas para detetar sinais de tensão, deformação ou falha inesperadas.

  - **Extração de características:** Reduzir a dimensionalidade de grandes conjuntos de dados para identificar as características mais significativas, ajudando na simplificação e melhoria da modelação preditiva subsequente.

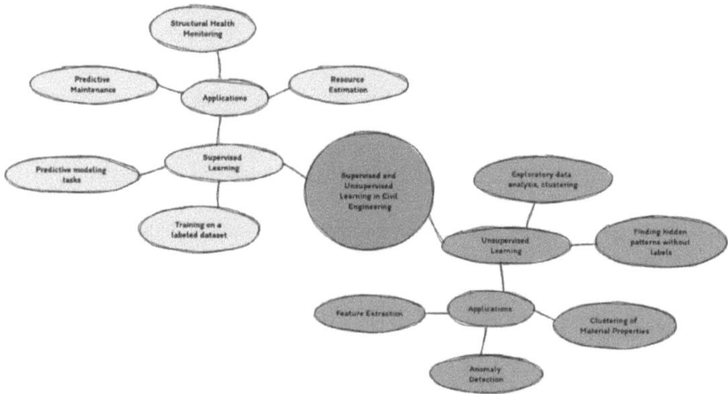

Figura 4 - 1 . Tipos de aprendizagem automática e sua aplicação na engenharia civil

A aprendizagem profunda, um subconjunto da aprendizagem automática, utiliza redes neuronais com muitas camadas para modelar relações complexas e não lineares em dados de elevada dimensão. A sua capacidade de lidar com grandes quantidades de dados não estruturados abriu novas fronteiras na engenharia civil (ver **Figura 4 - 2**):

1. **Reconhecimento de imagens e padrões:**

   - Utilização de redes neuronais convolucionais (CNN) para a análise de imagens de satélite, fotografias estruturais ou imagens de estaleiros de construção para avaliar as condições, seguir as alterações ou detetar defeitos.

   - **Exemplo:** Automatizar a deteção de fissuras em edifícios ou pontes a partir de dados fotográficos, melhorando significativamente a eficiência e a fiabilidade das avaliações estruturais.

2. **Processamento de linguagem natural (PNL):**

- Aplicação de técnicas de PNL para analisar relatórios de projectos, registos de manutenção ou documentos regulamentares, extraindo informações valiosas, prevendo tendências ou garantindo a conformidade com as normas da indústria.

- **Exemplo:** Simplificar a revisão de numerosos documentos do projeto, extrair informações relevantes e resumir o conteúdo para uma tomada de decisão mais rápida.

3. **Análise preditiva e simulação:**

- Utilização de redes neuronais recorrentes (RNN) e de redes de memória de curto prazo (LSTM) para a previsão de séries temporais, prevendo tendências futuras no tráfego, degradação de materiais ou condições ambientais com base em dados históricos.

- **Exemplo:** Simulação de interacções ambientais complexas que afectam projectos de infra-estruturas de grande escala, permitindo aos engenheiros prever resultados em vários cenários e tomar decisões com base em dados.

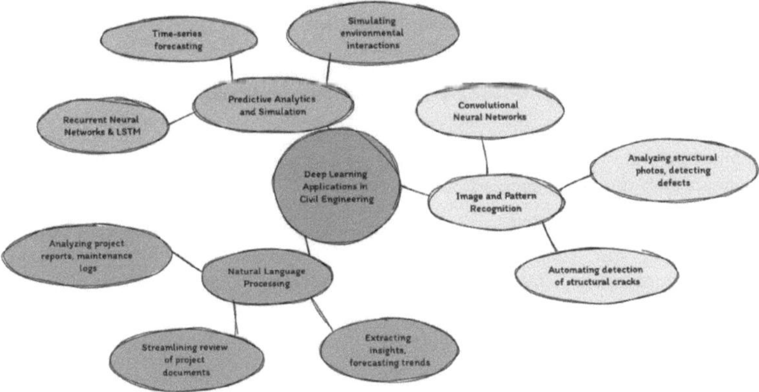

Figura 4 - 2 . Classificação dos modelos de aprendizagem profunda e suas aplicações na engenharia civil

A aprendizagem automática, em particular o seu subconjunto de aprendizagem profunda, tem o potencial de revolucionar a engenharia civil, fornecendo soluções que não só são preditivas, mas também adaptáveis à dinâmica em constante mudança dos requisitos de engenharia. Estas técnicas avançadas de aprendizagem automática permitem a extração de conhecimentos mais profundos dos dados, promovendo inovações que podem melhorar significativamente a conceção, a construção, a manutenção e o funcionamento dos projectos de engenharia civil. À medida que o campo continua a evoluir, a integração da aprendizagem automática desempenhará, sem dúvida, um papel cada vez mais central na definição do futuro da engenharia civil, alargando os limites do que é possível nesta disciplina milenar.

CHAPTER 5:

Estudos de caso em previsões de engenharia civil

5.1 Aplicações no mundo real de abordagens baseadas em dados

A integração de abordagens baseadas em dados na monitorização e manutenção de infra-estruturas representa um dos avanços mais significativos na engenharia civil. Tirando partido dos dados dos sensores, da tecnologia da Internet das Coisas (IoT) e da análise preditiva avançada, esta aplicação permite a monitorização em tempo real da integridade estrutural, da eficiência operacional e da longevidade das infra-estruturas civis. Transforma as estratégias tradicionais de manutenção reactiva em paradigmas proactivos e preditivos, garantindo que a manutenção é atempada, rentável e minimamente perturbadora.

O núcleo desta abordagem envolve a recolha de grandes quantidades de dados a partir de sensores estrategicamente colocados em vários componentes estruturais. Estes sensores podem medir uma vasta gama de parâmetros, incluindo vibrações, deformações, tensões, níveis de corrosão, teor de humidade e alterações de temperatura. Os dados recolhidos são depois processados, analisados e interpretados utilizando algoritmos sofisticados de aprendizagem automática, que podem identificar padrões, tendências e anomalias indicativas do estado atual e futuro da estrutura.

1. Monitorização do estado estrutural de uma ponte com base na IoT

Uma das aplicações exemplares do mundo real é a implementação de um sistema de monitorização do estado estrutural baseado na IoT para uma ponte. Eis uma descrição pormenorizada de como o processo se desenrola:

- **Instalação de sensores:** Uma rede de sensores é instalada em pontos críticos da ponte, tais como rolamentos, juntas e apoios. Estes sensores recolhem continuamente dados sobre vários parâmetros como tensão, inclinação, deslocamento e aceleração, fornecendo uma visão global do estado estrutural da ponte em tempo real.

- **Agregação e análise de dados:** Os dados do sensor são transmitidos para uma plataforma centralizada onde são agregados, filtrados e analisados. Modelos avançados de aprendizagem automática, muitas vezes empregando técnicas como análise de séries temporais, deteção de anomalias ou modelos de regressão, processam estes dados para detetar quaisquer desvios dos parâmetros operacionais normais, indicando potenciais problemas estruturais ou desgaste.

- **Insights de manutenção preditiva:** Os modelos preditivos analisam dados históricos e em tempo real para prever potenciais falhas futuras ou identificar áreas que possam necessitar de manutenção. Por exemplo, um aumento das vibrações para além dos níveis típicos pode indicar o assentamento da fundação ou o desgaste das juntas, accionando alertas para uma investigação mais aprofundada ou acções de manutenção imediatas.

- **Acções de manutenção preventivas:** Com base nos conhecimentos preditivos, a manutenção pode ser programada em alturas óptimas para resolver os problemas identificados antes que estes se transformem em problemas graves. Esta abordagem proactiva garante que as reparações são efectuadas com o mínimo de perturbações no funcionamento da ponte, reduzindo significativamente a probabilidade de falhas estruturais imprevistas e prolongando potencialmente a vida útil da ponte.

- **Aprendizagem e melhoria contínuas:** O sistema aperfeiçoa continuamente a sua precisão de previsão, aprendendo com novos dados, registos históricos de manutenção e feedback das intervenções de manutenção. Este processo de aprendizagem contínua aumenta a fiabilidade das previsões, assegurando que as estratégias de manutenção evoluem de acordo com as condições variáveis da ponte.

Benefícios e impacto

A utilização de abordagens baseadas em dados na monitorização e manutenção de infra-estruturas oferece inúmeras vantagens, incluindo

- **Segurança reforçada:** Ao permitir a deteção precoce de potenciais problemas estruturais, o risco de falhas catastróficas é significativamente reduzido, garantindo assim a segurança dos utilizadores e do público.

- **Continuidade operacional:** As intervenções de manutenção atempadas evitam interrupções prolongadas, assegurando que a infraestrutura se mantém operacional, minimizando assim o tempo de inatividade e as perdas económicas associadas.

- **Eficiência de custos:** A manutenção proactiva ajuda a evitar reparações de emergência dispendiosas e prolonga a vida útil da infraestrutura, conduzindo a poupanças substanciais de custos a longo prazo.

- **Tomada de decisões com base em dados:** As ricas percepções derivadas da monitorização contínua permitem aos engenheiros e decisores tomar decisões informadas e baseadas em dados relativamente à manutenção e gestão da infraestrutura.

2. **Otimização de projectos de construção:**

As abordagens baseadas em dados revolucionaram a forma como os projectos de construção são planeados, executados e geridos, conduzindo a uma otimização significativa de processos e recursos. Ao tirar partido de vastos conjuntos de dados, análises avançadas e modelação preditiva, os intervenientes podem antecipar os desafios do projeto, simplificar os fluxos de trabalho, melhorar a atribuição de recursos e melhorar os resultados globais do projeto. Esta otimização abrange várias dimensões dos projectos de construção, incluindo a estimativa de custos, a calendarização, a gestão de recursos e a avaliação de riscos, garantindo assim que os projectos são concluídos a tempo, dentro do orçamento e de acordo com as normas de qualidade especificadas.

Otimização de um projeto de construção em grande escala

Eis uma exploração detalhada de como as metodologias baseadas em dados podem ser aplicadas para otimizar um projeto de construção em grande escala:

- **Modelação Preditiva de Custos:** Implementação de algoritmos de aprendizagem automática para analisar dados históricos de custos, tendências de mercado e especificidades do projeto para prever com precisão o custo total do projeto. Este modelo ajuda no planeamento do orçamento, garantindo que o projeto permanece financeiramente viável e reduz a probabilidade de derrapagens de custos.

- **Programação dinâmica:** Utilização de análises avançadas para criar calendários de projectos adaptáveis que podem responder a alterações em tempo real. Os dados das actividades em curso no local, as condições meteorológicas e o estado da cadeia de fornecimento são integrados para prever potenciais atrasos e ajustar automaticamente o calendário do projeto, assegurando um fluxo de trabalho optimizado e a conclusão atempada do projeto.

- **Otimização da atribuição de recursos:** Implementação de algoritmos de otimização para assegurar a utilização eficiente de recursos, incluindo mão de obra, maquinaria, materiais e tempo. O sistema analisa a utilização atual dos recursos, as exigências do projeto e os dados históricos de desempenho para recomendar a estratégia de atribuição mais eficaz, minimizando os tempos de inatividade e reduzindo o desperdício.

- **Análise e mitigação de riscos:** Utilização de modelos preditivos para identificar potenciais riscos em várias fases do projeto de construção, desde a conceção inicial até à execução final. Ao analisar dados de projectos anteriores, referências da indústria e variáveis específicas do projeto, o sistema pode prever potenciais problemas, permitindo o desenvolvimento de estratégias proactivas para mitigar esses riscos.

- **Análise do controlo de qualidade:** Integração de dados de inspecções de qualidade, testes de materiais e verificações de conformidade para manter elevados padrões de qualidade de construção. Os modelos de aprendizagem automática podem prever áreas propensas a lapsos de qualidade, permitindo inspecções e intervenções direccionadas, mantendo assim as especificações de qualidade do projeto.

Benefícios e impacto

A integração de metodologias baseadas em dados na otimização de projectos de construção oferece grandes benefícios:

- **Eficiência melhorada:** A simplificação dos processos, a redução da redundância e a melhoria da coordenação conduzem a poupanças de tempo significativas e a eficiências operacionais.

- **Poupança de custos:** A previsão exacta dos custos e a utilização eficaz dos recursos ajudam a minimizar as despesas desnecessárias e a otimizar os recursos financeiros.

- **Gestão de riscos melhorada:** As informações baseadas em dados permitem a identificação precoce dos riscos e o desenvolvimento proactivo de estratégias de atenuação, reduzindo significativamente o potencial de perturbações dispendiosas.

- **Aumento da agilidade do projeto:** A capacidade de se adaptar às condições em mudança e aos desafios imprevistos garante que o projeto progride sem problemas, mantendo a continuidade e minimizando os atrasos.

- **Garantia de qualidade:** A monitorização contínua da qualidade e a manutenção preditiva asseguram que todos os aspectos do projeto cumprem os mais elevados padrões de qualidade, reduzindo a probabilidade de defeitos ou retrabalho.

3. **Avaliações de Impacto Ambiental:**

Os Estudos de Impacto Ambiental (EIA) são fundamentais na engenharia civil para garantir que os projectos cumprem as normas ambientais e os objectivos de sustentabilidade. As abordagens baseadas em dados revolucionaram os EIA, permitindo avaliações mais precisas, abrangentes e preditivas. Através da integração de vastos conjuntos de dados de vários indicadores ambientais e da aplicação de análises avançadas, os engenheiros podem prever os potenciais impactos dos projectos de construção no ambiente, avaliar a magnitude desses efeitos e desenvolver estratégias para atenuar os resultados adversos. Esta mudança metodológica para avaliações com uso intensivo de dados permite uma compreensão mais matizada da pegada ambiental dos projectos de engenharia e promove a tomada de decisões informadas.

Análise exaustiva do impacto ambiental de um projeto de infra-estruturas

Eis como as metodologias baseadas em dados podem ser aplicadas de forma complexa para realizar uma avaliação do impacto ambiental de um projeto de infra-estruturas de grande escala:

- **Modelação Preditiva de Alterações Ambientais:** Utilização de algoritmos de aprendizagem automática para prever as potenciais alterações ambientais resultantes do projeto proposto, tais como alterações nos habitats locais da vida selvagem, na qualidade da água, na qualidade do ar e nos níveis de ruído. Estes modelos utilizam dados históricos, análises comparativas e técnicas de simulação para prever futuras condições ambientais.

- **Análise espacial baseada em GIS:** Utilização de Sistemas de Informação Geográfica (SIG) para analisar e visualizar as relações espaciais entre as actividades do projeto e o ambiente circundante. Isto pode ajudar a identificar áreas sensíveis, avaliar a extensão espacial dos potenciais impactos e planear eficazmente as medidas de atenuação.

- **Previsão do Impacto Temporal:** Analisar o calendário previsto do projeto de construção e as suas actividades faseadas para compreender o seu impacto temporal no ambiente. Os dados de séries temporais podem ser particularmente valiosos na previsão dos efeitos ambientais a longo prazo e na garantia de que o projeto se alinha com os ciclos ecológicos sazonais e as prioridades de conservação.

- **Análise de Impacto Cumulativo:** Aproveitar a análise de dados para avaliar os impactos ambientais cumulativos, considerando não só o projeto imediato, mas também os efeitos interligados de projectos existentes e futuros previsíveis na região. Esta visão holística é crucial para o planeamento regional sustentável e para evitar consequências ecológicas indesejadas.

- **Otimização da Estratégia de Mitigação:** Utilização de algoritmos de otimização para desenvolver, comparar e aperfeiçoar várias estratégias de mitigação, assegurando que são eficazes, eficientes em termos de custos e sustentáveis. As estratégias podem ser classificadas e seleccionadas com base na sua eficácia prevista na redução dos impactos ambientais, bem como na sua viabilidade e conformidade com os requisitos regulamentares.

Benefícios e impacto

A abordagem baseada em dados nas avaliações de impacto ambiental oferece vantagens significativas:

- **Precisão de previsão melhorada:** Modelos sofisticados oferecem previsões de alta resolução de impactos ambientais, permitindo um planeamento de mitigação preciso e proactivo.

- **Análise abrangente:** A capacidade de processar e analisar grandes conjuntos de dados assegura uma avaliação holística, considerando uma vasta gama de parâmetros ambientais e as suas interdependências.

- **Tomada de decisões informada:** As informações ricas e baseadas em dados permitem que as partes interessadas tomem decisões bem informadas, equilibrando as necessidades de desenvolvimento com a sustentabilidade ambiental.

- **Adaptabilidade dinâmica:** A integração contínua de dados permite actualizações em tempo real da avaliação, adaptando-se a novas informações ou a alterações no âmbito ou no ambiente do projeto.

- **Conformidade regulamentar:** Dados detalhados e quantificáveis apoiam a conformidade com regulamentos ambientais rigorosos e facilitam a aquisição das licenças ambientais necessárias.

A incorporação de metodologias baseadas em dados nas avaliações de impacto ambiental representa uma mudança transformadora para práticas de engenharia civil mais sustentáveis e responsáveis. Ao aproveitar o poder da análise preditiva e dos grandes volumes de dados, os engenheiros podem prever as consequências ambientais com maior clareza, conceber estratégias de atenuação mais eficazes e contribuir para o compromisso global de gestão ambiental e desenvolvimento sustentável.

4. Planeamento e desenvolvimento urbano:

O planeamento e o desenvolvimento urbanos estão na vanguarda da utilização de abordagens baseadas em dados, integrando extensos conjuntos de dados e técnicas analíticas avançadas para moldar as cidades do futuro. Estas metodologias permitem aos urbanistas e engenheiros civis otimizar a utilização dos solos, as infra-estruturas e os serviços públicos, tendo em conta a interação dinâmica de factores sociais, económicos, ambientais e espaciais. Ao utilizar a modelação preditiva, a simulação e a otimização, as partes interessadas podem tomar decisões informadas que conduzam a ambientes urbanos sustentáveis, resilientes e habitáveis.

Projeto de reabilitação urbana orientado para os dados

Uma aplicação exemplar de metodologias baseadas em dados é o planeamento e execução abrangentes de um projeto de reabilitação urbana. Eis como vários aspectos podem ser integrados:

- **Análise de dados espaciais:** Utilização da tecnologia do Sistema de Informação Geográfica (SIG) para analisar dados espaciais, ajudando na identificação de espaços subutilizados, análise de zonamento e planeamento optimizado da utilização do solo. O GIS pode sobrepor várias camadas de dados, tais como tendências demográficas, redes de transportes e utilização de terrenos existentes, para informar a estratégia de reabilitação.

- **Modelos preditivos para tendências demográficas e económicas:** Utilização de algoritmos de aprendizagem automática para prever futuras alterações demográficas, condições económicas e procura de habitação. Isto pode ajudar a adaptar os projectos de desenvolvimento urbano para satisfazer as necessidades previstas, garantindo a relevância e a sustentabilidade a longo prazo.

- **Simulação de sistemas de tráfego e transporte:** Aplicação de modelos de simulação para prever alterações nos padrões de tráfego e nos requisitos de transportes públicos devido à reabilitação. Isto ajuda a conceber redes de transportes eficientes que reduzem o congestionamento, melhoram a acessibilidade e promovem opções de trânsito sustentáveis, como andar de bicicleta e a pé.

- **Avaliação da sustentabilidade ambiental:** Integração de dados ambientais no processo de planeamento para avaliar o impacto da reabilitação nos ecossistemas locais, na qualidade do ar e nos recursos hídricos. A análise preditiva pode ser utilizada para modelar os resultados ambientais de diferentes cenários de desenvolvimento, orientando a seleção de materiais ecológicos, espaços verdes e infra-estruturas energeticamente eficientes.

- **Envolvimento do público e integração do feedback:** Aproveitar a análise das redes sociais e as plataformas de participação em linha para recolher a opinião e o sentimento do público sobre os planos de reabilitação. As ferramentas baseadas em dados podem analisar o feedback da comunidade, permitindo que os planeadores compreendam as preferências e preocupações do público, o que pode ser fundamental para moldar os planos de desenvolvimento finais.

Benefícios e Impacto

A adoção de abordagens baseadas em dados no planeamento e desenvolvimento urbanos oferece benefícios profundos:

- **Melhoria do processo de tomada de decisões:** Os dados fornecem uma base sólida para a tomada de decisões informadas, assegurando que o desenvolvimento urbano se alinha com as necessidades actuais e as projecções futuras.

- **Otimização da atribuição de recursos:** Ao prever com precisão a procura de infra-estruturas e serviços urbanos, os planeadores podem atribuir recursos de forma mais eficaz, reduzindo o desperdício e maximizando o impacto do investimento.

- **Ambientes urbanos sustentáveis:** A integração de dados ambientais garante que o desenvolvimento urbano dá prioridade à sustentabilidade, contribuindo para a criação de cidades verdes, energeticamente eficientes e resistentes ao clima.

- **Melhoria da qualidade de vida:** O planeamento urbano baseado em dados centra-se na criação de espaços que promovam o bem-estar, a conetividade e a acessibilidade, melhorando assim a qualidade de vida global dos residentes.

- **Estratégias urbanas adaptativas:** A capacidade de integrar e analisar continuamente novos dados permite estratégias de desenvolvimento urbano adaptáveis que podem responder à dinâmica urbana em evolução, aos avanços tecnológicos e às necessidades da população em mudança.

A incorporação de metodologias baseadas em dados no planeamento e desenvolvimento urbanos significa uma mudança para ambientes urbanos mais inteligentes, reactivos e centrados nas pessoas. Ao aproveitar o poder dos dados, os planeadores urbanos e os engenheiros civis podem elaborar planos visionários que não só respondem aos desafios de hoje, mas também antecipam as necessidades de amanhã, promovendo espaços urbanos vibrantes, inclusivos e sustentáveis.

5.2 Histórias de sucesso e desafios

A adoção de abordagens baseadas em dados na engenharia civil deu origem a inúmeras histórias de sucesso, realçando o profundo impacto destas tecnologias. No entanto, o caminho para estas realizações implica frequentemente a passagem por vários desafios.

1. História de sucesso: Otimização do fluxo de tráfego

Uma das histórias de sucesso mais convincentes no domínio da engenharia civil baseada em dados é a otimização do fluxo de tráfego num ambiente urbano. Uma cidade, a braços com um congestionamento crónico e emissões elevadas, recorreu a tecnologias de aprendizagem automática para encontrar uma solução. Através da análise de grandes quantidades de dados de tráfego e da utilização de análises preditivas, a cidade conseguiu otimizar de forma dinâmica os tempos dos sinais de trânsito, o que conduziu a um fluxo de tráfego mais suave, a uma redução do congestionamento e a menos emissões.

Aplicação e resultados

- **Recolha de dados:** O projeto começou com a recolha extensiva de dados de tráfego, incluindo contagens de veículos, velocidade, taxas de fluxo e tempos de sinalização, recolhidos a partir de uma rede de sensores, câmaras e dispositivos IoT espalhados pela cidade.

- **Modelação Preditiva:** Utilizando algoritmos sofisticados de aprendizagem automática, a cidade analisou dados de tráfego históricos e em tempo real para prever padrões de congestionamento em diferentes alturas do dia e sob várias condições. Os modelos podem prever os períodos de pico de congestionamento, identificar os pontos críticos de tráfego e sugerir os melhores tempos de sinalização.

- **Otimização em tempo real:** O coração da solução foi a integração destes modelos preditivos nos sistemas de controlo de tráfego da cidade, permitindo o ajuste em tempo real dos tempos de sinalização. O sistema processou continuamente os dados de tráfego recebidos, ajustando os sinais em tempo real para aliviar o congestionamento emergente e melhorar o fluxo de tráfego.

- **Resultados:** A implementação desta abordagem baseada em dados resultou numa redução significativa dos tempos médios de deslocação, em menores emissões dos veículos devido à diminuição dos tempos de inatividade e numa melhoria global da mobilidade urbana. O sucesso foi sustentado pela capacidade do sistema de se adaptar às condições em tempo real, garantindo uma gestão óptima do tráfego, independentemente da variabilidade dos padrões de tráfego diários.

Factores-chave para o sucesso

- **Integração abrangente de dados:** A base do sucesso do projeto foi a abordagem holística da recolha de dados, garantindo um conjunto de dados rico que reflectia a complexidade do ecossistema de tráfego urbano.

- **Análise Preditiva Avançada:** A utilização de modelos avançados de aprendizagem automática proporcionou uma visão aprofundada dos padrões de tráfego, permitindo previsões que foram fundamentais para a gestão do tráfego em tempo real.

- **Adaptabilidade dinâmica do sistema:** A integração de dados em tempo real e o controlo adaptativo dos sinais foram fundamentais para responder às alterações das condições de tráfego, demonstrando a flexibilidade e a capacidade de resposta do sistema.

- **Colaboração das partes interessadas:** A coordenação eficaz entre vários departamentos da cidade, fornecedores de tecnologia e autoridades de tráfego assegurou a implementação sem problemas do sistema de otimização do tráfego.

Desafios da engenharia civil baseada em dados

Embora os benefícios sejam substanciais, o caminho para a implementação bem sucedida de abordagens baseadas em dados na engenharia civil não está isento de desafios:

- **Qualidade e disponibilidade dos dados:** Garantir a elevada qualidade, consistência e exaustividade dos dados é um desafio significativo, uma vez que uma má qualidade dos dados pode levar a modelos incorrectos e previsões pouco fiáveis.

- **Integração com sistemas existentes:** A incorporação de novas tecnologias baseadas em dados em estruturas e sistemas de engenharia civil existentes pode ser complexa, exigindo um planeamento e execução cuidadosos para evitar perturbações.

- **Escalabilidade e sustentabilidade:** À medida que os projectos crescem, manter o desempenho, a fiabilidade e a rentabilidade das soluções baseadas em dados pode ser um desafio, exigindo abordagens escaláveis e sustentáveis.

- **Conhecimentos técnicos especializados:** A necessidade de conhecimentos especializados em ciência de dados e aprendizagem automática representa um desafio, exigindo formação e desenvolvimento contínuos para os profissionais de engenharia civil.

- **Preocupações éticas e de privacidade:** Com a crescente utilização de dados, é fundamental ter em conta as considerações éticas e garantir a privacidade e a segurança das informações, o que exige protocolos rigorosos de gestão de dados.

O caminho para a adoção de metodologias baseadas em dados na engenharia civil é uma mistura de histórias de sucesso notáveis e desafios contínuos. Ao aprender com estas experiências, o campo pode continuar a avançar, aproveitando o poder dos dados para inovar, otimizar e revolucionar as práticas de engenharia civil para um futuro melhor, mais eficiente e sustentável.

2. História de sucesso: Manutenção Preditiva de Redes de Água

Uma empresa de serviços públicos revolucionou a sua abordagem à manutenção das redes de água, implementando análises preditivas para prever falhas nas tubagens do sistema de distribuição de água. Esta mudança estratégica conduziu a uma redução drástica das perdas de água e a uma diminuição dos custos operacionais e de manutenção, revelando um avanço fundamental na gestão de serviços públicos. A identificação proactiva de potenciais pontos de falha permitiu intervenções de manutenção direccionadas antes da ocorrência de falhas reais, minimizando as interrupções no abastecimento de água e evitando danos extensos.

Factores-chave

- **Integração de dados históricos:** O sucesso foi sustentado pela utilização eficaz de dados históricos que englobam incidentes anteriores de falhas em condutas, registos de manutenção e as características físicas da rede de água. Este rico conjunto de dados forneceu o conhecimento fundamental necessário para treinar modelos preditivos precisos.

- **Monitorização em tempo real:** A implementação de dispositivos e sensores IoT em toda a rede de água permitiu a monitorização em tempo real da integridade do sistema. O fluxo contínuo de dados actualizados melhorou a precisão preditiva do modelo e a oportunidade de assinalar potenciais problemas.

- **Aplicação de análise preditiva:** Foram utilizados algoritmos avançados de aprendizagem automática para analisar os dados agregados, aprendendo com padrões de falhas passadas para prever ocorrências futuras. A capacidade do modelo para prever potenciais avarias permitiu à empresa de serviços públicos dar prioridade às actividades de manutenção de forma eficaz.

- **Mudança para a manutenção proactiva:** A transição de uma estrutura de manutenção reactiva, em que as acções eram tomadas após o incidente, para uma postura proactiva, em que os problemas potenciais eram tratados antes da falha, marcou uma transformação significativa. Esta abordagem não só reduziu a incidência de falhas catastróficas, como também optimizou a atribuição de recursos de manutenção.

Desafio: Escalabilidade e adaptabilidade

Questão

À medida que as infra-estruturas se expandem e as condições ambientais evoluem, o escalonamento dos modelos de previsão para abranger sistemas maiores e mais complexos e a sua adaptação a novos desafios surgem como obstáculos significativos. Garantir que os modelos preditivos se mantêm eficazes e relevantes ao longo do tempo, especialmente face à rápida urbanização, aos avanços tecnológicos e às alterações climáticas, constitui um desafio permanente.

Resolução

- **Atualização contínua do modelo:** A incorporação regular de novos dados nos modelos de previsão é crucial. À medida que mais dados são recolhidos, os modelos podem ser retreinados ou aperfeiçoados para manter a sua precisão e relevância, assegurando que reflectem o estado atual da infraestrutura e as condições ambientais mais recentes.

- **Refinamento de algoritmos:** A revisão e o aperfeiçoamento contínuos dos algoritmos de previsão permitem melhorar as suas capacidades de previsão. Os modelos de aprendizagem automática podem ser ajustados para acomodar alterações nos padrões de dados ou no sistema subjacente, garantindo um desempenho preditivo sustentado.

- **Implementação do Quadro Adaptativo:** É vital desenvolver um quadro adaptativo que possa ajustar-se automaticamente às mudanças de escala ou condições. Estes quadros podem recalibrar dinamicamente os modelos, garantindo que podem ser escalados eficazmente com a infraestrutura em crescimento e adaptar-se a cenários ambientais em evolução.

- **Mecanismos de validação robustos:** A implementação de mecanismos de validação rigorosos garante que os modelos têm um bom desempenho a diferentes escalas e em condições variáveis. Testar regularmente os modelos em cenários reais pode ajudar a identificar quaisquer problemas de escalabilidade ou adaptabilidade.

O percurso de integração de abordagens baseadas em dados na engenharia civil é pontuado por histórias de sucesso notáveis que demonstram os benefícios profundos destas tecnologias. No entanto, também envolve a navegação através de desafios complexos que requerem inovação contínua, evolução de modelos e um compromisso com o aproveitamento de dados para a tomada de decisões informadas e eficiência operacional. O sector continua a evoluir, prometendo avanços e soluções ainda maiores à medida que os profissionais se adaptam e ultrapassam estes desafios.

CHAPTER 6:

Sistemas de apoio à decisão baseados em dados

6.1 Integração de modelos baseados em dados na tomada de decisões

Os sistemas de apoio à decisão baseados em dados (DSS) em engenharia civil incorporam a convergência da análise de dados, da aprendizagem automática e da experiência no domínio, proporcionando um quadro robusto para a tomada de decisões informadas (Bibri, 2020; Musen et al., 2021; Petrova et al., 2019). Estes sistemas aproveitam o poder dos modelos baseados em dados para analisar grandes quantidades de informação, prever resultados e recomendar acções, melhorando assim o processo de tomada de decisões em vários aspectos da engenharia civil.

Componentes-chave da integração:

1. **Agregação de dados:** Centralização de dados de diversas fontes, incluindo sensores, bases de dados e conjuntos de dados externos, garantindo um conjunto abrangente de dados para análise.

2. **Implementação de modelos:** Incorporação de modelos preditivos que transformam dados brutos em conhecimentos accionáveis, permitindo aos engenheiros antecipar cenários futuros, avaliar riscos e alternativas.

3. **Interfaces interactivas:** Desenvolvimento de painéis de controlo de fácil utilização que apresentam análises de dados e previsões de modelos num formato compreensível, permitindo aos engenheiros e decisores explorar cenários, visualizar resultados e fazer escolhas informadas.

4. **Mecanismos de feedback:** Estabelecimento de sistemas que aprendem continuamente com novos dados, entradas do utilizador e decisões anteriores, melhorando a precisão e a relevância dos modelos de previsão ao longo do tempo.

Integração estratégica na tomada de decisões:

- Alinhar os modelos preditivos com os objectivos organizacionais para garantir que os conhecimentos gerados são accionáveis e estão alinhados com os objectivos estratégicos dos projectos de engenharia.

- Facilitar a colaboração multifuncional, assegurando que o sistema é acessível a todos os intervenientes no processo de tomada de decisões, desde engenheiros a gestores de projectos e decisores políticos.

- Assegurar a conformidade regulamentar através da integração de verificações e equilíbrios no sistema de apoio à decisão que cumprem as normas da indústria, os regulamentos de segurança e as melhores práticas.

6.2 Otimização de Processos de Engenharia Civil

Os sistemas de apoio à decisão baseados em dados desempenham um papel fundamental na otimização dos processos de engenharia civil, desde o planeamento e conceção até à construção e manutenção (Mohammadpour et al., n.d.; L. Wu et al., 2021). Estes sistemas permitem uma abordagem proactiva da gestão de projectos, da afetação de recursos e da eficiência operacional.

Áreas de otimização:

1. **Planeamento e conceção de projectos:** Utilização de análises preditivas para simular diferentes cenários de conceção, avaliar potenciais impactos e otimizar as escolhas de conceção em termos de desempenho, eficiência de custos e sustentabilidade.

2. **Atribuição de recursos:** Aproveitar os dados históricos e a dinâmica atual do projeto para prever as necessidades de recursos, otimizar a cadeia de fornecimento e assegurar a disponibilidade atempada de materiais, maquinaria e mão de obra.

3. **Planeamento da construção:** Aplicação de algoritmos de aprendizagem automática para prever os prazos de construção, identificar potenciais estrangulamentos e otimizar os calendários de construção, garantindo a conclusão atempada do projeto dentro do orçamento.

4. **Manutenção e operações:** Integrar a monitorização de dados em tempo real com modelos de manutenção preditiva para antecipar as necessidades de reparação, programar as actividades de manutenção de forma eficiente e minimizar o tempo de inatividade.

Benefícios dos processos optimizados:

- **Aumento da eficiência:** Fluxos de trabalho simplificados, redução do desperdício e aumento da produtividade através da otimização da programação, atribuição de recursos e gestão de tarefas.

- **Redução de custos:** Poupanças significativas conseguidas através da minimização dos atrasos, da prevenção da escassez ou excesso de recursos e da redução da probabilidade de reparações de emergência ou adaptações dispendiosas.

- **Segurança e fiabilidade melhoradas:** Protocolos de segurança melhorados e risco reduzido de falhas ou acidentes através de conhecimentos preditivos que informam medidas preventivas e estratégias de manutenção.

- **Sustentabilidade e conformidade:** Apoiar práticas sustentáveis e garantir a conformidade com os regulamentos ambientais, facilitando a tomada de decisões informadas que considerem os impactos ecológicos e os requisitos regulamentares.

Os sistemas de apoio à decisão baseados em dados estão a transformar a engenharia civil, permitindo uma mudança da gestão reactiva para a gestão proactiva, melhorando a eficiência operacional e apoiando práticas de engenharia mais sustentáveis e resilientes. Ao integrar eficazmente estes sistemas nos processos quotidianos de tomada de decisões, os profissionais de engenharia civil podem desbloquear novos níveis de inovação, precisão e eficiência, abrindo caminho para um futuro em que o desenvolvimento de infra-estruturas é preditivo, adaptável e optimizado para os desafios do futuro.

CHAPTER 7:

Conclusão

7.1 Recapitulação das principais percepções

Este livro percorreu o vasto domínio das abordagens baseadas em dados na engenharia civil, elucidando o impacto transformador que estas metodologias têm no domínio. As principais ideias recolhidas incluem:

- **Compreensão fundamental:** A introdução aos métodos baseados em dados lançou as bases, realçando a mudança dos modelos empíricos tradicionais para análises preditivas sofisticadas que aproveitam o poder dos dados para a tomada de decisões informadas.

- **Diversas fontes de dados:** A exploração de várias fontes de dados, desde dados de sensores a informações geoespaciais, realça a riqueza dos dados disponíveis para os engenheiros civis, essenciais para a criação de modelos de previsão precisos e fiáveis.

- **Técnicas de modelação preditiva:** Ao aprofundar a regressão, a análise de séries temporais e os métodos de conjunto, o texto desmistifica algoritmos complexos, ilustrando a sua aplicação na previsão, avaliação de riscos e otimização de projectos de engenharia civil.

- **Integração da aprendizagem automática:** O debate sobre a aprendizagem automática, desde a aprendizagem supervisionada à aprendizagem profunda, sublinha o seu papel fundamental no avanço das práticas de engenharia civil, permitindo soluções inovadoras e melhorando a precisão das previsões.

- **Aplicações práticas:** Os estudos de casos ilustram a implementação no mundo real de abordagens baseadas em dados, apresentando histórias de sucesso e abordando desafios, proporcionando assim uma compreensão abrangente do potencial e das limitações destas tecnologias.

- **Estratégias de otimização:** Os conhecimentos sobre sistemas de apoio à decisão baseados em dados revelam como a integração de modelos preditivos nos processos de tomada de decisão pode otimizar as operações de engenharia civil, aumentar a eficiência e garantir a sustentabilidade.

7.2 Tendências futuras em abordagens baseadas em dados para a engenharia civil

Olhando para o futuro, a trajetória das abordagens baseadas em dados na engenharia civil deverá ascender, impulsionada pelos avanços tecnológicos e pela ênfase crescente na sustentabilidade e na resiliência. As tendências futuras susceptíveis de moldar este domínio incluem:

- **IA e automatização:** A integração reforçada da inteligência artificial e da automação irá racionalizar ainda mais os processos de engenharia, desde a conceção até à manutenção, permitindo sistemas mais sofisticados e de auto-aprendizagem que se adaptam e melhoram ao longo do tempo.

- **IoT e dados em tempo real:** A expansão da Internet das Coisas (IoT) facilitará uma monitorização mais abrangente e em tempo real das infra-estruturas, fornecendo um fluxo contínuo de dados para informar os modelos preditivos e os quadros de tomada de decisões.

- **Conceção sustentável e resiliente:** Os modelos baseados em dados centrar-se-ão cada vez mais na sustentabilidade, empregando análises preditivas para conceber infra-estruturas resistentes às alterações climáticas, ambientalmente sustentáveis e eficientes em termos de recursos.

- **Realidade aumentada e virtual:** A integração de tecnologias de RA e RV com modelos baseados em dados oferecerá novas dimensões na visualização de projectos, no envolvimento das partes interessadas e na formação, melhorando a compreensibilidade e a aplicabilidade de conjuntos de dados complexos.

- **Considerações éticas e regulamentares:** À medida que as abordagens baseadas em dados se tornam mais prevalecentes, a utilização ética dos dados e a adesão às normas regulamentares tornar-se-ão cada vez mais importantes, garantindo a privacidade, a segurança e a justiça na utilização de tecnologias preditivas.

Em conclusão, a integração de abordagens baseadas em dados anuncia uma nova época na engenharia civil, caracterizada por uma maior previsão, precisão e eficiência. À medida que o campo continua a evoluir, a adoção destas abordagens será fundamental para enfrentar os desafios complexos do desenvolvimento de infra-estruturas modernas, abrindo caminho para um futuro em que a engenharia civil não se limita a criar estruturas, mas também a inovar, prever e moldar de forma sustentável o ambiente construído.

ReferênciasTopo

Alibrandi, U. (2022). Gêmeo digital informado sobre riscos de edifícios e infraestruturas para comunidades urbanas sustentáveis e resilientes. *ASCE-ASME Journal of Risk and Uncertainty in Engineering Systems, Part A: Civil Engineering*, *8*(3), 04022032. https://doi.org/10.1061/AJRUA6.0001238

Berglund, E. Z., Monroe, J. G., Ahmed, I., Noghabaei, M., Do, J., Pesantez, J. E., Fasaee, M. A. K., Bardaka, E., Han, K., Proestos, G. T., & Levis, J. (2020). Infra-estruturas inteligentes: Uma visão para o papel da profissão de engenharia civil em cidades inteligentes. *Journal of Infrastructure Systems*, *26*(2), 03120001. https://doi.org/10.1061/(ASCE)IS.1943-555X.0000549

Bibri, S. E. (2020). Cidades inteligentes e sustentáveis baseadas em dados: Um quadro concetual para funções de inteligência urbana e processos, sistemas e ciências relacionados. *Avanços em Ciência, Tecnologia e Inovação*, 143-173. https://doi.org/10.1007/978-3-030-41746-8_6/COVER

Bibri, S. E. (2021). Cidades inteligentes e sustentáveis do futuro baseadas em dados: computação e inteligência urbanas para um planeamento estratégico, a curto prazo e conjunto. *Computational Urban Science*, *1*(1), 1-29. https://doi.org/10.1007/S43762-021-00008-9/TABLES/6

Bibri, S. E., & Krogstie, J. (2020). A emergente Smart City baseada em dados e as suas soluções inovadoras aplicadas à sustentabilidade: os casos de Londres e Barcelona. *Energy Informatics*, *3*(1), 1-42. https://doi.org/10.1186/S42162-020-00108-6/FIGURES/6

Bilal, M., Oyedele, L. O., Akinade, O. O., Ajayi, S. O., Alaka, H. A., Owolabi, H. A., Qadir, J., Pasha, M., & Bello, S. A. (2016). Arquitetura de big data para análise de resíduos de construção (CWA): Um quadro concetual. *Journal of Building Engineering*, *6*, 144-156. https://doi.org/10.1016/J.JOBE.2016.03.002

Bilal, M., Oyedele, L. O., Qadir, J., Munir, K., Ajayi, S. O., Akinade, O. O., Owolabi, H. A., Alaka, H. A., & Pasha, M. (2016). Big Data na indústria da construção: A review of present status, opportunities, and future trends. *Advanced Engineering Informatics*, *30*(3), 500-521. https://doi.org/10.1016/J.AEI.2016.07.001

Breiman, L. (2001). Random forests. *Machine Learning*, *45*(1), 5-32. https://doi.org/10.1023/A:1010933404324

Flah, M., Nunez, I., Ben Chaabene, W., & Nehdi, M. L. (2021). Algoritmos de aprendizado de máquina no monitoramento da saúde estrutural civil: Uma revisão sistemática. *Arquivos de Métodos Computacionais em Engenharia*, *28*(4), 2621-2643. https://doi.org/10.1007/S11831-020-09471-9/METRICS

Friedman, J. H. (2002). Stochastic gradient boosting. *Computational Statistics & Data Analysis*, *38*(4), 367-378. https://doi.org/10.1016/S0167-9473(01)00065-2

Kadlec, P., Gabrys, B., & Strandt, S. (2009). Soft Sensors orientados por dados na indústria de processamento. *Computers & Chemical Engineering*, *33*(4), 795-814. https://doi.org/10.1016/J.COMPCHEMENG.2008.12.012

Lee, J., Ni, J., Singh, J., Jiang, B., Azamfar, M., & Feng, J. (2020). Sistemas de Manutenção Inteligente e Fabricação Preditiva. *Journal of Manufacturing Science and Engineering, Transactions of the ASME, 142*(11). https://doi.org/10.1115/1.4047856/1085488

Mohammadpour, A., Karan, E., & Asadi, S. (n.d.). *Artificial Intelligence Techniques to Support Design and Construction (Técnicas de Inteligência Artificial para Apoiar o Projeto e a Construção).*

Munawar, H. S., Qayyum, S., Ullah, F., & Sepasgozar, S. (2020). Big Data e suas aplicações em Smart Real Estate e no ciclo de vida de gestão de desastres: Uma análise sistemática. *Big Data e Computação Cognitiva 2020, Vol. 4, Página 4, 4*(2), 4. https://doi.org/10.3390/BDCC4020004

Musen, M. A., Middleton, B., & Greenes, R. A. (2021). Sistemas de apoio à decisão clínica. *Biomedical Informatics: Aplicações informáticas em cuidados de saúde e biomedicina: Fifth Edition*, 795-840. https://doi.org/10.1007/978-3-030-58721-5_24/COVER

Petrova, E., Pauwels, P., Svidt, K., & Jensen, R. L. (2019). Rumo ao design sustentável orientado por dados: apoio à decisão baseado na descoberta de conhecimento em dados de construção díspares. *Architectural Engineering and Design Management, 15*(5), 334-356. https://doi.org/10.1080/17452007.2018.1530092

Remesan, R., & Mathew, J. (2015). Modelação orientada por dados hidrológicos: Uma abordagem de estudo de caso. *Modelação orientada por dados hidrológicos: A Case Study Approach*, 1-250. https://doi.org/10.1007/978-3-319-09235-5/COVER

Ren, S., Zhang, Y., Liu, Y., Sakao, T., Huisingh, D., & Almeida, C. M. V. B. (2019). Uma revisão abrangente da análise de big data ao longo do ciclo de vida do produto para apoiar a fabricação inteligente sustentável: A framework, challenges and future research directions. *Journal of Cleaner Production, 210*, 1343-1365. https://doi.org/10.1016/J.JCLEPRO.2018.11.025

Tseranidis, S., Brown, N. C., & Mueller, C. T. (2016). Algoritmos de aproximação orientados por dados para avaliação rápida do desempenho e otimização de estruturas civis. *Automação na Construção, 72*, 279-293. https://doi.org/10.1016/J.AUTCON.2016.02.002

Wang, L., & Liu, Z. (2021). Método de avaliação de design de produto orientado por dados baseado em rede neural artificial de vários estágios. *Applied Soft Computing, 103*, 107117. https://doi.org/10.1016/J.ASOC.2021.107117

Wu, C., Wu, P., Wang, J., Jiang, R., Chen, M., & Wang, X. (2021). Revisão crítica da tomada de decisão baseada em dados na operação e manutenção de pontes. *Engenharia de estruturas e infra-estruturas, 18*(1), 47-70. https://doi.org/10.1080/15732479.2020.1833946

Wu, L., Li, Z., & AbouRizk, S. (2021). Automatizando a integração de dados comuns para um sistema de suporte à decisão baseado em dados aprimorado na construção industrial. *Journal of Computing in Civil Engineering, 36*(2), 04021037. https://doi.org/10.1061/(ASCE)CP.1943-5487.0001001

I want morebooks!

Buy your books fast and straightforward online - at one of world's fastest growing online book stores! Environmentally sound due to Print-on-Demand technologies.

Buy your books online at
www.morebooks.shop

Compre os seus livros mais rápido e diretamente na internet, em uma das livrarias on-line com o maior crescimento no mundo! Produção que protege o meio ambiente através das tecnologias de impressão sob demanda.

Compre os seus livros on-line em
www.morebooks.shop

Printed by Books on Demand GmbH, Norderstedt / Germany